建设工程造价员手工算量与实例精析系列丛书

水暖工程造价员手工算量与实例精析

本书编委会　编

中国建筑工业出版社

图书在版编目(CIP)数据

水暖工程造价员手工算量与实例精析/本书编委会编. 一北京：中国建筑工业出版社，2015.9（2023.1重印）
（建设工程造价员手工算量与实例精析系列丛书）
ISBN 978-7-112-17502-4

Ⅰ.①水… Ⅱ.①本… Ⅲ.①给排水系统-建筑安装工程-工程造价 ②采暖设备-建筑安装工程-工程造价 Ⅳ.①TU723.3

中国版本图书馆 CIP 数据核字(2014)第 269766 号

本书依据最新版《建设工程工程量清单计价规范》GB 50500—2013、《通用安装工程工程量计算规范》GB 50856—2013 进行编写，结合工程量计算实例，详细介绍了水暖工程工程量手算的规则和方法。在内容编写上，本书将水暖工程中常用的手算公式与根据实际工作总结的计算公式相结合，通过讲解水暖工程各分项（给水排水、采暖、燃气管道安装，卫生器具与供暖器具安装，燃气器具及其他工程）工程量的手算规则和计算实例，向读者说明如何快速计算工程量，并对工程量手算的内容和相关规定进行了说明。

本书可供水暖工程工程预算、工程造价与项目管理人员工作使用。

责任编辑：岳建光 张 磊
责任设计：李志立
责任校对：李欣慰 张 颖

建设工程造价员手工算量与实例精析系列丛书
水暖工程造价员手工算量与实例精析
本书编委会 编
*
中国建筑工业出版社出版、发行（北京西郊百万庄）
各地新华书店、建筑书店经销
北京科地亚盟排版公司制版
北京建筑工业印刷厂印刷
*
开本：787×1092 毫米 1/16 印张：11½ 字数：278 千字
2015 年 3 月第一版 2023 年 1 月第三次印刷
定价：**42.00** 元
ISBN 978-7-112-17502-4
（39426）

本书编委会

主　编　张俊新

参　编（按笔画顺序排列）

王　爽　王　静　刘珊珊　张　彤

肖雨欣　远程飞　林悦先　贺　楠

夏　洁　董　慧

前　言

随着我国城市建设速度地不断加快，新能源、新材料等基础工业建设不断发展，建筑安装行业也不断向前发展。水暖工程作为建筑安装工程的重要组成部分，在其规模不断扩大、建设速度不断加快的同时，工程投资造价也日益受到人们的广泛重视。如何合理确定水暖工程投资造价，使有限的投入发挥出最大的效力已成为水暖工程造价员们迫切需要解决的问题。

工程量计算是确定工程造价的基础工作，其计算精确度及快慢程度直接影响着工程造价的质量与速度。自我国实行工程量计算方法以来，手工算量一直是我国工程量算量主体，算量人员参与整个算量过程，即使发生错误也一般局限于很小的范围和领域，更改错误并不困难，相应的算量人员对计算结果比较信赖。在手工算量的长期应用和发展过程中，算量人员在算量过程中积累了丰富的工程量计算经验，并总结形成了许多速算方法和速算公式，给手工算量提供了极大方便，在很大程度上提高了手工算量的速度。

本书共分为五章，内容主要包括：水暖工程造价的构成与计算，给水排水、采暖、燃气管道安装手工算量与实例精析，卫生器具与供暖器具安装手工算量与实例精析，燃气器具及其他工程手工算量与实例精析，水暖工程清单计价编制应用实例。

在内容编写上，本书将水暖工程中常用的手算公式与根据实际工作总结的计算公式相结合，向读者说明如何快速计算工程量，并对工程量手算的内容和相关规定进行了说明。本书可供水暖工程工程预算、工程造价与项目管理人员工作使用。

由于编写时间仓促及编的经验和学识有限，尽管编者尽心尽力，书中难免出现不足之处，恳请广大读者与专家改正和完善。

目　　录

1 水暖工程造价的构成与计算

1.1 我国现行工程造价的构成

我国现行工程造价的构成主要包括设备及工器具购置费用、建筑安装工程费用、工程建设其他费用、预备费、建设期贷款利息和固定资产投资方向调节税等几项。具体内容如图 1-1 所示。

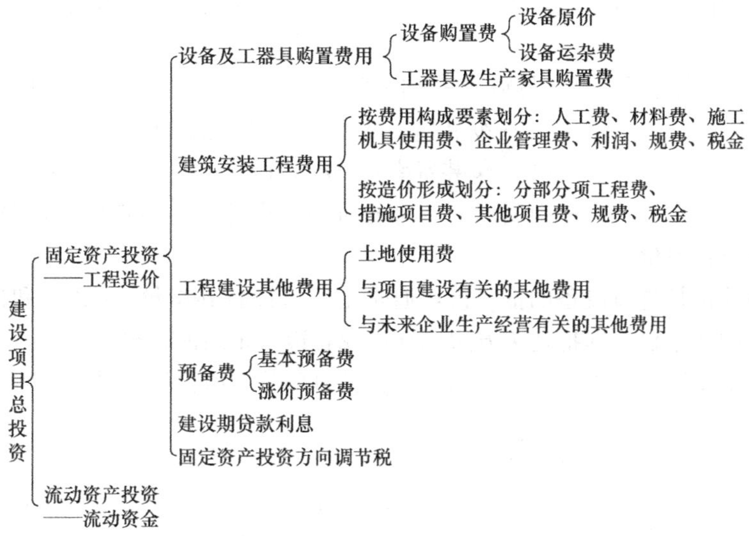

图 1-1 我国现行工程造价的构成

1.2 水暖工程造价费用的构成与计算

1.2.1 设备及工器具购置费用

1. 设备购置费

设备购置费是达到固定资产标准，为建设工程项目购置或自制的各种国产或进口设备及工、器具的费用。包括设备原价和设备运杂费。设备原价是指国产设备或进口设备的原价；设备运杂费是指除设备原价之外的关于设备采购、运输、途中包装及仓库保管等方向支出费用的总和。

（1）国产设备原价

国产设备原价是设备制造厂的交货价或订货合同价。它一般根据生产厂或供应商的询价、报价、合同价确定，也可用一定的方法计算确定。国产设备原价分为以下两方面。

1）国产标准设备原价

所谓国产标准设备是按照主管部门颁布的标准图纸和技术要求，由设备生产厂批量生产的，符合国家质量检验标准的设备。其原价是设备制造厂的交货价，也就是出厂价。若设备是由设备成套公司供应，则以订货合同价为设备原价。有的设备有两种出厂价，即带有备件的出厂价和不带有备件的出厂价。在计算设备原价时，一般按带有备件的出厂价计算。

2）国产非标准设备原价

所谓国产非标准设备是国家尚无定型标准，各设备生产厂不可能在工艺过程中批量生产，只能按一次订货，并且根据具体的设计图纸制造的设备。其原价有很多计算方法，如成本计算估价法、系列设备插入估价法、分部组合估价法、定额估价法等。但不管采用哪种方法都应该使非标准设备计价接近实际出厂价，并且计算方法简便。按成本计算估价法，非标准设备的原价由材料费、加工费、辅助材料费（简称辅材费）、专用工具费、废品损失费、外购配套件费、包装费、利润、税金和非标准设备设计费组成。

计算公式为：

$$\begin{aligned}\text{单台非标准设备原价} =& \{[(\text{材料费}+\text{加工费}+\text{辅助材料费})\times(1+\text{专用工具费率})\\&\times(1+\text{废品损失费率})+\text{外购配套件费}]\\&\times(1+\text{包装费率})-\text{外购配套件费}\}\times(1+\text{利润率})\\&+\text{销项税金}+\text{非标准设备设计费}+\text{外购配套件费}\end{aligned} \tag{1-1}$$

（2）进口设备原价

进口设备原价是进口设备的抵岸价，通常由进口设备到岸价（CIF）和进口从属费构成。进口设备的到岸价，即抵达买方边境港口或者边境车站的价格。进口从属费用包括银行财务费、外贸手续费、进口关税、消费税、进口环节增值税等，进口车辆还需缴纳车辆购置税。

进口设备到岸价的计算公式如下：

$$\begin{aligned}\text{进口设备到岸价(CIF)} &= \text{离岸价格(FOB)}+\text{国际运费}+\text{运输保险费}\\&= \text{运费在内价(CFR)}+\text{运输保险费}\end{aligned} \tag{1-2}$$

1）货价

通常指装运港船上交货价（FOB）。设备货价分为原币货价和人民币货价，原币货价一律折算成美元，人民币货价按原币货价乘以外汇市场美元兑换人民币中间价确定。进口设备货价按有关生产厂商询价、报价、订货合同价计算。

2）国际运费

指从装运港（站）到达我国抵达港（站）的运费。我国进口设备大部分采用海洋运输，小部分采用铁路运输，个别采用航空运输。

进口设备国际运费计算公式如下：

$$\text{国际运费(海、陆、空)} = \text{原币货价(FOB)}\times\text{运费率} \tag{1-3}$$

$$\text{国际运费(海、陆、空)} = \text{运量}\times\text{单位运价} \tag{1-4}$$

其中，运费率或单位运价参照有关部门或进出口公司的规定执行。

3）运输保险费

对外贸易货物运输保险是由保险人（保险公司）与被保险人（出口人或进口人）签订保险契约，在被保险人交付保险费后，保险人根据保险契约的规定对货物在运输过程中发生的在承保责任范围内的损失给予经济上的补偿。

计算公式如下：

$$运输保险费=\frac{货币原价(FOB)+国外运输费}{1-保险费率}\times保险费率 \tag{1-5}$$

其中，保险费率按保险公司规定的进口货物保险费率计算。

4）银行财务费

一般指中国银行手续费。

计算式如下：

$$银行财务费=人民币货价(FOB)\times银行财务费率 \tag{1-6}$$

5）外贸手续费

指按对外经济贸易部规定的外贸手续费率计取的费用，其费率一般取 1.5%。

按式（1-7）计算：

$$外贸手续费=[装运港船上交货价(FOB)+国际运费+运输保险费]\times外贸手续费率 \tag{1-7}$$

6）关税

由海关对进出国境或关境的货物和物品征收的一种税。

计算公式如下：

$$关税=到岸价格(CIF)\times进口关税税率 \tag{1-8}$$

其中，到岸价格（CIF）包括离岸价格（FOB）、国际运费、运输保险费等费用，它是关税完税价格。进口关税税率包括优惠和普通两种。

7）增值税

对从事进口贸易的单位和个人，在商品报关进口后征收的税种。

按式（1-9）计算：

$$进口产品增值税额=组成计税价格\times增值税税率 \tag{1-9}$$

8）消费税

对部分进口设备（如轿车、摩托车等）征收。

计算式如下：

$$应纳消费税额=\frac{到岸价+关税}{1-消费税税率}\times消费税税率 \tag{1-10}$$

9）海关监管手续费

指海关对进口减税、免税、保税货物实施监督、管理、提供服务的手续费。对于全额征收进口关税的货物不计本项费用。

计算公式如下：

$$海关监管手续费=到岸价\times海关监管手续费率 \tag{1-11}$$

10）车辆购置附加费

进口车辆需缴进口车辆购置附加费。

按式（1-12）计算：

$$进口车辆购置附加费=(到岸价+关税+消费税+增值税)\times进口车辆购置附加费率 \tag{1-12}$$

（3）设备运杂费

设备运杂费按设备原价乘以设备运杂费率计算。其中，设备运杂费率按各部门及省、市等的规定计取。设备运杂费一般由以下各项构成：

1）国产标准设备由设备制造厂交货地点起至工地仓库（或施工组织指定的堆放地点）止所发生的运费及装卸费。

进口设备则由我国到岸港口、边境车站起至工地仓库（或施工组织指定的堆放地点）止所发生的运费及装卸费。

2）在设备出厂价格中没有包含的设备包装和包装材料器具费；在设备出厂价或进口设备价格中若已含此项费用，则不应重复计算。

3）供销部门的手续费，按有关部门规定的统一费率计算。

4）建设单位（或工程承包公司）的采购和仓库保管费，是采购、验收、保管和收发设备所发生的各项费用，包括设备采购、保管和管理人员工资、工资附加费、办公费、差旅交通费、设备供应部门办公和仓库所占固定资产使用费、工具用具使用费、劳动保护费、检验试验费等。这些费用依主管部门规定的采购保管费率计算。

2. 工器具及生产家具购置费

工器具及生产家具购置费即新建或扩建项目初步设计规定的，保证初期正常生产必须购置的没有达到固定资产标准的设备、仪器、工卡模具、器具、生产家具和备品备件等的购置费用。通常以设备购置费为计算基数，按照部门或行业规定的工器具及生产家具费率计算。计算公式为：

$$\text{工具、器具及生产家具购置费} = \text{设备购置费} \times \text{定额费率}$$

【例 1-1】 假设某工厂采购了一台国产非标准的水暖设备，制造厂生产该台水暖设备所用材料费为 25 万元，加工费为 2.5 万元，辅助材料费为 5000 元，专用工具费率为 1.5%，废品损失费率为 10%，外购配套件费为 6 万元，包装费率为 1%，利润费率为 7%，增值税率为 17%，非标准设备设计费为 3 万元，试计算该国产非标准设备的原价。

【解】

$$\text{专用工具费} = (25 + 2.5 + 0.5) \times 1.5\% = 0.42 \text{ 万元}$$

$$\text{废品损失费} = (25 + 2.5 + 0.5 + 0.42) \times 10\% = 2.842 \text{ 万元}$$

$$\text{包装费} = (28 + 0.42 + 2.842 + 6) \times 1\% = 0.373 \text{ 万元}$$

$$\text{利润} = (28 + 0.42 + 2.842 + 0.373) \times 7\% = 2.214 \text{ 万元}$$

$$\text{销项税金} = (28 + 0.42 + 2.842 + 6 + 0.373 + 2.214) \times 17\% = 6.774 \text{ 万元}$$

$$\text{该国产非标准设备的原价} = 28 + 0.42 + 2.842 + 0.373 + 2.214 + 6.774 + 3 + 6 = 49.623 \text{ 万元}$$

1.2.2 建筑安装工程费用

1. 建筑安装工程费用项目组成

现行建筑安装工程费用项目组成，根据住房和城乡建设部、财政部共同颁发的建标[2013] 44 号文件规定如下。

（1）建筑安装工程费用项目组成（按费用构成要素划分）

建筑安装工程费按照费用构成要素划分：由人工费、材料（包含工程设备，下同）

费、施工机具使用费、企业管理费、利润、规费和税金组成。其中人工费、材料费、施工机具使用费、企业管理费和利润包含在分部分项工程费、措施项目费、其他项目费中，如图 1-2 所示。

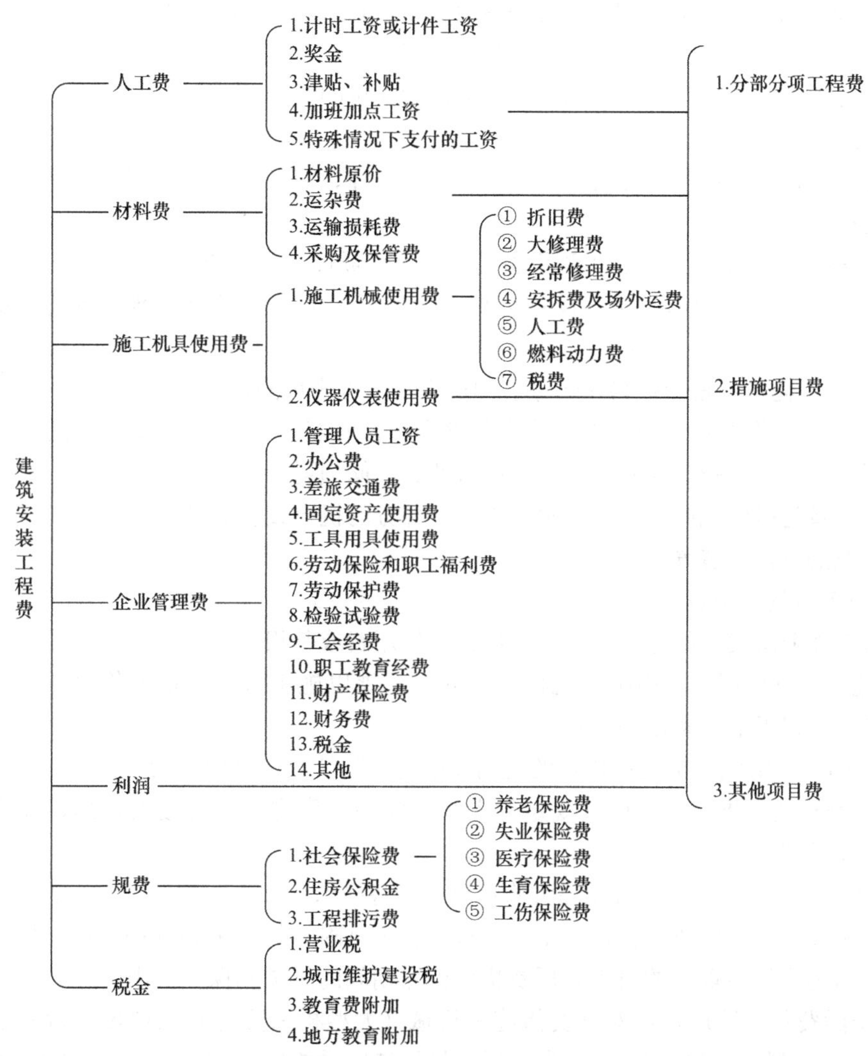

图 1-2 建筑安装工程费用项目组成（按费用构成要素划分）

1）人工费

即按工资总额构成规定，支付给从事建筑安装工程施工的生产工人和附属生产单位工人的各项费用。包括：

① 计时工资或计件工资：是指按计时工资标准和工作时间或对已做工作按计件单价支付给个人的劳动报酬。

② 奖金：是指对超额劳动和增收节支支付给个人的劳动报酬。如节约奖、劳动竞赛奖等。

③ 津贴补贴：是指为了补偿职工特殊或额外的劳动消耗和因其他特殊原因支付给个人的津贴，以及为了保证职工工资水平不受物价影响支付给个人的物价补贴。如流动施工

津贴、特殊地区施工津贴、高温（寒）作业临时津贴、高空津贴等。

④ 加班加点工资：是指按规定支付的在法定节假日工作的加班工资和在法定日工作时间外延时工作的加点工资。

⑤ 特殊情况下支付的工资：是指根据国家法律、法规和政策规定，因病、工伤、产假、计划生育假、婚丧假、事假、探亲假、定期休假、停工学习、执行国家或社会义务等原因按计时工资标准或计时工资标准的一定比例支付的工资。

2）材料费

即施工过程中耗费的原材料、辅助材料、构配件、零件、半成品或成品、工程设备的费用。包括：

① 材料原价：是指材料、工程设备的出厂价格或商家供应价格。

② 运杂费：是指材料、工程设备自来源地运至工地仓库或指定堆放地点所发生的全部费用。

③ 运输损耗费：是指材料在运输装卸过程中不可避免的损耗。

④ 采购及保管费：是指为组织采购、供应和保管材料、工程设备的过程中所需要的各项费用。包括采购费、仓储费、工地保管费、仓储损耗。

工程设备是指构成或计划构成永久工程一部分的机电设备、金属结构设备、仪器装置及其他类似的设备和装置。

3）施工机具使用费

即施工作业所发生的施工机械、仪器仪表使用费或其租赁费。

① 施工机械使用费：用施工机械台班耗用量乘以施工机械台班单价表示，施工机械台班单价应由以下七项费用构成：

a. 折旧费：指施工机械在规定的使用年限内，陆续收回其原值的费用。

b. 大修理费：指施工机械按规定的大修理间隔台班进行必要的大修理，以恢复其正常功能所需的费用。

c. 经常修理费：指施工机械除大修理以外的各级保养和临时故障排除所需的费用。包括为保障机械正常运转所需替换设备与随机配备工具附具的摊销和维护费用，机械运转中日常保养所需润滑与擦拭的材料费用及机械停滞期间的维护和保养费用等。

d. 安拆费及场外运费：安拆费指施工机械（大型机械除外）在现场进行安装与拆卸所需的人工、材料、机械和试运转费用以及机械辅助设施的折旧、搭设、拆除等费用；场外运费指施工机械整体或分体自停放地点运至施工现场或由一施工地点运至另一施工地点的运输、装卸、辅助材料及架线等费用。

e. 人工费：指机上司机（司炉）和其他操作人员的人工费。

f. 燃料动力费：指施工机械在运转作业中所消耗的各种燃料及水、电等。

g. 税费：指施工机械按照国家规定应缴纳的车船使用税、保险费及年检费等。

② 仪器仪表使用费：是指工程施工所需使用的仪器仪表的摊销及维修费用。

4）企业管理费

指建筑安装企业组织施工生产和经营管理所需的费用。包括：

① 管理人员工资：是指按规定支付给管理人员的计时工资、奖金、津贴补贴、加班加点工资及特殊情况下支付的工资等。

② 办公费：是指企业管理办公用的文具、纸张、账表、印刷、邮电、书报、办公软件、现场监控、会议、水电、烧水和集体取暖降温（包括现场临时宿舍取暖降温）等费用。

③ 差旅交通费：是指职工因公出差、调动工作的差旅费、住勤补助费，市内交通费和误餐补助费，职工探亲路费，劳动力招募费，职工退休、退职一次性路费，工伤人员就医路费，工地转移费以及管理部门使用的交通工具的油料、燃料等费用。

④ 固定资产使用费：是指管理和试验部门及附属生产单位使用的属于固定资产的房屋、设备、仪器等的折旧、大修、维修或租赁费。

⑤ 工具用具使用费：是指企业施工生产和管理使用的不属于固定资产的工具、器具、家具、交通工具和检验、试验、测绘、消防用具等的购置、维修和摊销费。

⑥ 劳动保险和职工福利费：是指由企业支付的职工退职金、按规定支付给离休干部的经费，集体福利费、夏季防暑降温、冬季取暖补贴、上下班交通补贴等。

⑦ 劳动保护费：是企业按规定发放的劳动保护用品的支出。如工作服、手套、防暑降温饮料以及在有碍身体健康的环境中施工的保健费用等。

⑧ 检验试验费：是指施工企业按照有关标准规定，对建筑以及材料、构件和建筑安装物进行一般鉴定、检查所发生的费用，包括自设试验室进行试验所耗用的材料等费用。不包括新结构、新材料的试验费，对构件做破坏性试验及其他特殊要求检验试验的费用和建设单位委托检测机构进行检测的费用，对此类检测发生的费用，由建设单位在工程建设其他费用中列支。但对施工企业提供的具有合格证明的材料进行检测不合格的，该检测费用由施工企业支付。

⑨ 工会经费：是指企业按《工会法》规定的全部职工工资总额比例计提的工会经费。

⑩ 职工教育经费：是指按职工工资总额的规定比例计提，企业为职工进行专业技术和职业技能培训，专业技术人员继续教育、职工职业技能鉴定、职业资格认定以及根据需要对职工进行各类文化教育所发生的费用。

⑪ 财产保险费：是指施工管理用财产、车辆等的保险费用。

⑫ 财务费：是指企业为施工生产筹集资金或提供预付款担保、履约担保、职工工资支付担保等所发生的各种费用。

⑬ 税金：是指企业按规定缴纳的房产税、车船使用税、土地使用税、印花税等。

⑭ 其他：包括技术转让费、技术开发费、投标费、业务招待费、绿化费、广告费、公证费、法律顾问费、审计费、咨询费、保险费等。

5）利润

利润是指施工企业完成所承包工程获得的盈利。

6）规费

规费是指按国家法律、法规规定，由省级政府和省级有关权力部门规定必须缴纳或计取的费用。包括：

① 社会保险费：

a. 养老保险费：是指企业按照规定标准为职工缴纳的基本养老保险费。

b. 失业保险费：是指企业按照规定标准为职工缴纳的失业保险费。

c. 医疗保险费：是指企业按照规定标准为职工缴纳的基本医疗保险费。

d. 生育保险费：是指企业按照规定标准为职工缴纳的生育保险费。

e. 工伤保险费：是指企业按照规定标准为职工缴纳的工伤保险费。

② 住房公积金：是指企业按规定标准为职工缴纳的住房公积金。

③ 工程排污费：是指按规定缴纳的施工现场工程排污费。

其他应列而未列入的规费，按实际发生计取。

7）税金

是指国家税法规定的应计入建筑安装工程造价内的营业税、城市维护建设税、教育费附加以及地方教育附加。

（2）建筑安装工程费用项目组成（按造价形成划分）

建筑安装工程费按照工程造价形成由分部分项工程费、措施项目费、其他项目费、规费、税金组成，分部分项工程费、措施项目费、其他项目费包含人工费、材料费、施工机具使用费、企业管理费和利润，如图 1-3 所示。

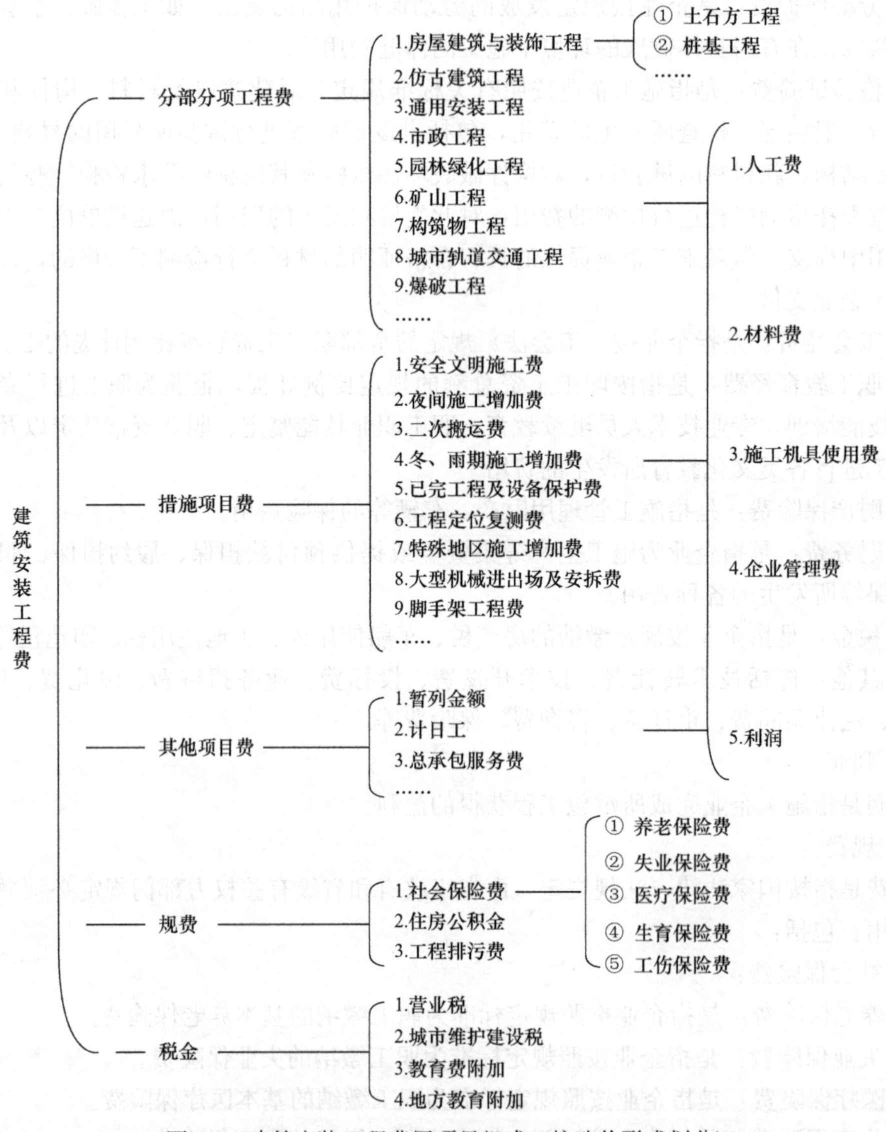

图 1-3 建筑安装工程费用项目组成（按造价形成划分）

1）分部分项工程费

分部分项工程费是指各专业工程的分部分项工程应予列支的各项费用。

① 专业工程：是指按现行国家计量规范划分的房屋建筑与装饰工程、仿古建筑工程、通用安装工程、市政工程、园林绿化工程、矿山工程、构筑物工程、城市轨道交通工程、爆破工程等各类工程。

② 分部分项工程：指按现行国家计量规范对各专业工程划分的项目。如房屋建筑与装饰工程划分的土石方工程、地基处理与桩基工程、砌筑工程、钢筋及钢筋混凝土工程等。

各类专业工程的分部分项工程划分见现行国家或行业计量规范。

2）措施项目费

措施项目费是指为完成建设工程施工，发生于该工程施工前和施工过程中的技术、生活、安全、环境保护等方面的费用。

包括：

① 安全文明施工费

a. 环境保护费：是指施工现场为达到环保部门要求所需要的各项费用。

b. 文明施工费：是指施工现场文明施工所需要的各项费用。

c. 安全施工费：是指施工现场安全施工所需要的各项费用。

d. 临时设施费：是指施工企业为进行建设工程施工所必须搭设的生活和生产用的临时建筑物、构筑物和其他临时设施费用。包括临时设施的搭设、维修、拆除、清理费或摊销费等。

② 夜间施工增加费：是指因夜间施工所发生的夜班补助费、夜间施工降效、夜间施工照明设备摊销及照明用电等费用。

③ 二次搬运费：是指因施工场地条件限制而发生的材料、构配件、半成品等一次运输不能到达堆放地点，必须进行二次或多次搬运所发生的费用。

④ 冬雨期施工增加费：是指在冬期或雨期施工需增加的临时设施、防滑、排除雨雪，人工及施工机械效率降低等费用。

⑤ 已完工程及设备保护费：是指竣工验收前，对已完工程及设备采取的必要保护措施所发生的费用。

⑥ 工程定位复测费：是指工程施工过程中进行全部施工测量放线和复测工作的费用。

⑦ 特殊地区施工增加费：是指工程在沙漠或其边缘地区、高海拔、高寒、原始森林等特殊地区施工增加的费用。

⑧ 大型机械设备进出场及安拆费：是指机械整体或分体自停放场地运至施工现场或由一个施工地点运至另一个施工地点，所发生的机械进出场运输及转移费用及机械在施工现场进行安装、拆卸所需的人工费、材料费、机械费、试运转费和安装所需的辅助设施的费用。

⑨ 脚手架工程费：是指施工需要的各种脚手架搭、拆、运输费用以及脚手架购置费的摊销（或租赁）费用。

措施项目及其包含的内容详见各类专业工程的现行国家或行业计量规范。

3）其他项目费

① 暂列金额：是指建设单位在工程量清单中暂定并包括在工程合同价款中的一笔款

项。用于施工合同签订时尚未确定或者不可预见的所需材料、工程设备、服务的采购，施工中可能发生的工程变更、合同约定调整因素出现时的工程价款调整以及发生的索赔、现场签证确认等的费用。

② 计日工：是指在施工过程中，施工企业完成建设单位提出的施工图纸以外的零星项目或工作所需的费用。

③ 总承包服务费：是指总承包人为配合、协调建设单位进行的专业工程发包，对建设单位自行采购的材料、工程设备等进行保管以及施工现场管理、竣工资料汇总整理等服务所需的费用。

4）规费：定义同（1）中的规费。

5）税金：定义同（1）中的税金。

2. 建筑安装工程费用参考计算方法

1）各费用构成要素可参考以下计算方法：

① 人工费

$$\text{人工费} = \sum(\text{工日消耗量} \times \text{日工资单价}) \tag{1-13}$$

日工资单价

$$= \frac{\text{生产工人平均月工资(计时 / 计件)} + \text{平均月(奖金} + \text{津贴补贴} + \text{特殊情况下支付的工资)}}{\text{年平均每月法定工作日}} \tag{1-14}$$

注：以上公式（1-13）、公式（1-14）主要适用于施工企业投标报价时自主确定人工费，也是工程造价管理机构编制计价定额确定定额人工单价或发布人工成本信息的参考依据。

$$\text{人工费} = \sum(\text{工程工日消耗量} \times \text{日工资单价}) \tag{1-15}$$

其中，日工资单价指施工企业平均技术熟练程度的生产工人在每工作日（国家法定工作时间内）按规定从事施工作业应得的日工资总额。

工程造价管理机构确定日工资单价需通过市场调查、根据工程项目的技术要求，参考实物工程量人工单价综合分析确定，最低日工资单价不得低于工程所在地人力资源和社会保障部门所发布的最低工资标准的：普工 1.3 倍、一般技工 2 倍、高级技工 3 倍。

工程计价定额不能只列一个综合工日单价，应根据工程项目技术要求及工种差别适当划分多种日人工单价，确保各分部工程人工费的合理构成。

注：公式（1-15）适用于工程造价管理机构编制计价定额时确定定额人工费，是施工企业投标报价的参考依据。

② 材料费

a. 材料费

$$\text{材料费} = \sum(\text{材料消耗量} \times \text{材料单价}) \tag{1-16}$$

$$\text{材料单价} = [(\text{材料原价} + \text{运杂费}) \times [1 + \text{运输损耗率}(\%)]] \times [1 + \text{采购保管费率}(\%)] \tag{1-17}$$

b. 工程设备费

$$\text{工程设备费} = \sum(\text{工程设备量} \times \text{工程设备单价}) \tag{1-18}$$

$$\text{工程设备单价} = (\text{设备原价} + \text{运杂费}) \times [1 + \text{采购保管费率}(\%)] \tag{1-19}$$

③ 施工机具使用费

a. 施工机械使用费

$$施工机械使用费 = \sum(施工机械台班消耗量 \times 机械台班单价) \quad (1\text{-}20)$$

$$\begin{aligned}机械台班单价 =& 台班折旧费 + 台班大修费 + 台班经常修理费 + 台班安拆费及场外运费\\ &+ 台班人工费 + 台班燃料动力费 + 台班车\end{aligned} \quad (1\text{-}21)$$

注：工程造价管理机构在确定计价定额中的施工机械使用费时，应根据《建筑施工机械台班费用计算规则》并结合市场调查编制施工机械台班单价。施工企业可以参考工程造价管理机构发布的台班单价，自主确定施工机械使用费的报价，例如租赁施工机械，计算式为：施工机械使用费$=\sum$（施工机械台班消耗量×机械台班租赁单价）。

b. 仪器仪表使用费

$$仪器仪表使用费 = 工程使用的仪器仪表摊销费 + 维修费 \quad (1\text{-}22)$$

④ 企业管理费费率

a. 以分部分项工程费为计算基础

$$企业管理费费率(\%) = \frac{生产工人年平均管理费}{年有效施工天数 \times 人工单价} \times 人工费占分部分项工程费比例(\%) \quad (1\text{-}23)$$

b. 以人工费和机械费合计为计算基础

$$企业管理费费率(\%) = \frac{生产工人年平均管理费}{年有效施工天数 \times (人工单价 + 每一工日机械使用费)} \times 100\% \quad (1\text{-}24)$$

c. 以人工费为计算基础

$$企业管理费费率(\%) = \frac{生产工人年平均管理费}{年有效施工天数 \times 人工单价} \times 100\% \quad (1\text{-}25)$$

注：以上公式适用于施工企业投标报价时自主确定管理费，是工程造价管理机构编制计价定额确定企业管理费的参考依据。

工程造价管理机构在确定计价定额中企业管理费时，应以定额人工费或（定额人工费+定额机械费）为计算基数，其费率依照历年工程造价积累的资料，辅以调查数据确定，列入分部分项工程和措施项目中。

⑤ 利润

a. 施工企业根据企业自身需求并结合建筑市场实际自主确定，列入报价中。

b. 工程造价管理机构在确定计价定额中利润时，应以定额人工费或（定额人工费+定额机械费）为计算基数，其费率依照历年工程造价积累的资料，并结合建筑市场实际确定，以单位（单项）工程测算，利润在税前建筑安装工程费的比重可按不低于5%且不高于7%的费率计算。利润应列入分部分项工程和措施项目中。

⑥ 规费

a. 社会保险费和住房公积金

社会保险费和住房公积金应以定额人工费为计算基础，依工程所在地省、自治区、直辖市或行业建设主管部门规定费率计算。

$$社会保险费和住房公积金 = \sum(工程定额人工费 \times 社会保险费和住房公积金费率) \quad (1\text{-}26)$$

式中：社会保险费和住房公积金费率可以每万元发承包价的生产工人人工费和管理人员工资含量与工程所在地规定的缴纳标准综合分析取定。

b. 工程排污费

工程排污费等其他应列却未列入的规费应按工程所在地环境保护等部门规定的标准缴纳，按实计取列入。

⑦ 税金

税金计算公式：

$$税金 = 税前造价 \times 综合税率(\%) \tag{1-27}$$

综合税率：

a. 纳税地点在市区的企业

$$综合税率(\%) = \frac{1}{1-3\%-(3\%\times 7\%)-(3\%\times 3\%)-(3\%\times 2\%)}-1 \tag{1-28}$$

b. 纳税地点在县城、镇的企业

$$综合税率(\%) = \frac{1}{1-3\%-(3\%\times 5\%)-(3\%\times 3\%)-(3\%\times 2\%)}-1 \tag{1-29}$$

c. 纳税地点不在市区、县城、镇的企业

$$综合税率(\%) = \frac{1}{1-3\%-(3\%\times 1\%)-(3\%\times 3\%)-(3\%\times 2\%)}-1 \tag{1-30}$$

d. 实行营业税改增值税的，按纳税地点现行税率计算。

2）建筑安装工程计价可参考以下计算公式：

① 分部分项工程费

$$分部分项工程费 = \sum(分部分项工程量 \times 综合单价) \tag{1-31}$$

式中　综合单价由人工费、材料费、施工机具使用费、企业管理费和利润以及一定范围的风险费用组成（下同）。

② 措施项目费

a. 国家计量规范规定应予计量的措施项目，其计算公式为：

$$措施项目费 = \sum(措施项目工程量 \times 综合单价) \tag{1-32}$$

b. 国家计量规范规定不宜计量的措施项目，计算方法如下：

（a）安全文明施工费

$$安全文明施工费 = 计算基数 \times 安全文明施工费费率(\%) \tag{1-33}$$

计算基数应为定额基价（定额分部分项工程费＋定额中可以计量的措施项目费）、定额人工费或（定额人工费＋定额机械费），而由工程造价管理机构根据各专业工程的特点综合确定其费率。

（b）夜间施工增加费

$$夜间施工增加费 = 计算基数 \times 夜间施工增加费费率(\%) \tag{1-34}$$

（c）二次搬运费

$$二次搬运费 = 计算基数 \times 二次搬运费费率(\%) \tag{1-35}$$

（d）冬雨期施工增加费

$$冬雨期施工增加费 = 计算基数 \times 冬雨期施工增加费费率(\%) \tag{1-36}$$

(e) 已完工程及设备保护费

$$已完工程及设备保护费 = 计算基数 \times 已完工程及设备保护费费率(\%) \quad (1\text{-}37)$$

以上 (b)～(e) 项措施项目的计费基数应为定额人工费或（定额人工费＋定额机械费），而由工程造价管理机构根据各专业工程特点和调查资料综合分析后确定其费率。

③ 其他项目费

a. 暂列金额由建设单位依照工程特点，根据有关计价规定估算，施工过程中由建设单位掌握使用、扣除合同价款调整后若有余额，归建设单位。

b. 计日工由建设单位和施工企业按施工过程中的签证计价。

c. 总承包服务费由建设单位在招标控制价中依照总承包服务范围和有关计价规定编制，施工企业投标时自主报价，施工过程中按签约合同价执行。

④ 规费和税金

建设单位及施工企业均应按照省、自治区、直辖市或行业建设主管部门发布的标准计算规费和税金，不得作为竞争性费用。

3）相关问题的说明

① 各专业工程计价定额的编制及其计价程序，均按相关规定实施。

② 各专业工程计价定额的使用周期原则上为 5 年。

③ 工程造价管理机构在定额使用周期内，应及时发布人工、材料、机械台班价格信息，实行工程造价动态管理，若遇国家法律、法规、规章或相关政策变化以及建筑市场物价波动较大时，应适时调整定额人工费、定额机械费以及定额基价或规费费率，使建筑安装工程费能反映建筑市场实际。

④ 建设单位在编制招标控制价时，应按照各专业工程的计量规范和计价定额以及工程造价信息编制。

⑤ 施工企业在使用计价定额时除不可竞争费用外，其余只作参考，由施工企业投标时自主报价。

3. 建筑安装工程计价程序

(1) 建设单位工程招标控制价计价程序

建设单位工程招标控制价计价程序见表 1-1。

建设单位工程招标控制价计价程序 **表 1-1**

工程名称： 标段： 第 页 共 页

序 号	内 容	计算方法	金额/元
1	分部分项工程费	按计价规定计算	
1.1			
1.2			
1.3			
1.4			
1.5			

续表

序　号	内　容	计算方法	金额/元
2	措施项目费	按计价规定计算	
2.1	其中：安全文明施工费	按规定标准计算	
3	其他项目费		
3.1	其中：暂列金额	按计价规定估算	
3.2	其中：专业工程暂估价	按计价规定估算	
3.3	其中：计日工	按计价规定估算	
3.4	其中：总承包服务费	按计价规定估算	
4	规费	按规定标准计算	
5	税金（扣除不列入计税范围的工程设备金额）	(1+2+3+4)×规定税率	
招标控制价合计=1+2+3+4+5			

（2）施工企业工程投标报价计价程序

施工企业工程投标报价计价程序见表 1-2。

施工企业工程投标报价计价程序　　**表 1-2**

工程名称：　　标段：　　第　页　共　页

序　号	内　容	计算方法	金额/元
1	分部分项工程费	自主报价	
1.1			
1.2			
1.3			
1.4			
1.5			
2	措施项目费	自主报价	
2.1	其中：安全文明施工费	按规定标准计算	
3	其他项目费		
3.1	其中：暂列金额	按招标文件提供金额计列	
3.2	其中：专业工程暂估价	按招标文件提供金额计列	
3.3	其中：计日工	自主报价	
3.4	其中：总承包服务费	自主报价	
4	规费	按规定标准计算	
5	税金（扣除不列入计税范围的工程设备金额）	(1+2+3+4)×规定税率	
投标报价合计=1+2+3+4+5			

（3）竣工结算计价程序

竣工结算计价程序见表 1-3。

竣工结算计价程序 **表 1-3**

工程名称： 标段： 第 页 共 页

序 号	汇总内容	计算方法	金额/元
1	分部分项工程费	按合同约定计算	
1.1			
1.2			
1.3			
1.4			
1.5			
2	措施项目	按合同约定计算	
2.1	其中：安全文明施工费	按规定标准计算	
3	其他项目		
3.1	其中：专业工程结算价	按合同约定计算	
3.2	其中：计日工	按计日工签证计算	
3.3	其中：总承包服务费	按合同约定计算	
3.4	索赔与现场签证	按发承包双方确认数额计算	
4	规费	按规定标准计算	
5	税金（扣除不列入计税范围的工程设备金额）	（1＋2＋3＋4）×规定税率	
竣工结算总价合计＝1＋2＋3＋4＋5			

1.2.3 工程建设其他费用

工程建设其他费用即从工程筹建到工程竣工验收交付使用的整个建设期间，除建筑安装工程费用和设备、工器具购置费以外的，为保证工程建设顺利完成和交付使用后能够正常发挥效用而发生的一些费用。

工程建设其他费用，按其内容分包括以下三类。

1. 土地使用费

它是指任何一个建设项目都固定于一定地点与地面相连接，必须占用一定量的土地，也就必然要发生为获得建设用地而支付的费用。包括土地征用及迁移补偿费和国有土地使用费。

（1）土地征用及迁移补偿费

即建设项目通过划拨方式取得无限期的土地使用权，根据《中华人民共和国土地管理法》等规定所支付的费用。其总和一般不得超过被征土地年产值的 20 倍，土地年产值则按该地被征用前 3 年的平均产量和国家规定的价格计算。包括：

1）土地补偿费

征用耕地（包括菜地）的补偿标准，按政府规定，为该耕地年产值的若干倍。征用园地、鱼塘、藕塘、苇塘、宅基地、林地、牧场、草原等的补偿标准，由省、自治区、直辖市人民政府制定。征收无收益的土地，不予补偿。

2）青苗补偿费和被征用土地上的房屋、水井、树木等附着物补偿费

征用城市郊区的菜地时，还应根据有关规定向国家缴纳新菜地开发建设基金。

3）安置补助费

征用耕地、菜地的，每个农业人口的安置补助费为该地每亩年产值的 2～3 倍，每亩耕地的安置补助费最高不得超过其年产值的 10 倍。

4）缴纳的耕地占用税或城镇土地使用税、土地登记费及征地管理费

县市土地管理机关从征地费中提取土地管理费的比率，要按征地工作量大小，视不同情况，在 1%～4%幅度内提取。

5）征地动迁费

包括征用土地上的房屋及附属构筑物、城市公共设施等拆除、迁建补偿费、搬迁运输费，企业单位因搬迁造成的减产、停工损失补贴费，拆迁管理费等。

6）水利水电工程水库淹没处理补偿费

包括农村移民安置迁建费，城市迁建补偿费，库区工矿企业、交通、电力、通信、广播、管网、水利等的恢复、迁建补偿费，库底清理费，防护工程费，环境影响补偿费用等。

（2）取得国有土地使用费

它包括土地使用权出让金、城市建设配套费、拆迁补偿与临时安置补助费等。

1）土地使用权出让金

即建设工程通过土地使用权出让方式，取得有限期的土地使用权，根据《中华人民共和国城镇国有土地使用权出让和转让暂行条例》规定，支付的土地使用权出让金。

① 明确国家是城市土地的唯一所有者，并分层次、有偿、有限期地出让、转让城市土地。第一层次是城市政府将国有土地使用权出让给用地者。第二层次及以下层次的转让则发生在使用者之间。

② 城市土地的出让和转让可通过协议、招标、公开拍卖等方式进行。

a. 协议方式是由用地单位申请，经市政府批准同意后双方洽谈具体地块及地价。其适用于市政工程、公益事业用地以及需要减免地价的机关、部队用地和需要重点扶持、优先发展的产业用地。

b. 招标方式是在规定的期限内，由用地单位以书面形式投标，市政府根据投标报价、所提供的规划方案以及企业信誉综合考虑，择优而取。其适用于一般工程建设用地。

c. 公开拍卖是指在指定的地点和时间，由申请用地者叫价应价，价高者得。其完全由市场竞争决定，适用于盈利高的行业用地。

③ 在有偿出让和转让土地时，政府对地价不作统一规定，但是应坚持下面的原则：

a. 地价对目前的投资环境不产生大的影响。

b. 地价与当地的社会经济承受能力相适应。

c. 地价要考虑已投入的土地开发费用、土地市场供求关系、土地用途和使用年限。

④ 有关政府有偿出让土地使用权的年限，各地可根据时间、区位等各种条件作不同的规定，一般可在 30～99 年之间。从地面附属建筑物的折旧年限来看，以 50 年为宜。

⑤ 土地有偿出让和转让，土地使用者和所有者要签约，明确使用者对土地享有的权利及应承担的义务。

a. 有偿出让和转让使用权，要向土地受让者征收契税。

b. 转让土地若有增值，要向转让者征收土地增值税。

c. 在土地转让期间，国家应区别不同地段、不同用途向土地使用者收取土地占用费。

2）城市建设配套费

即因进行城市公共设施的建设而分摊的费用。

3）拆迁补偿与临时安置补助费

它包括拆迁补偿费和临时安置补助费或搬迁补助费。拆迁补偿费是指拆迁人对被拆迁人，按照有关规定予以补偿所需的费用。拆迁补偿的形式有产权调换和货币补偿两种。产权调换的面积根据所拆迁房屋的建筑面积计算；货币补偿的金额根据所拆迁房屋的区位、用途、建筑面积等因素，以房地产市场评估价格确定。拆迁人应当对被拆迁人或者房屋承租人支付搬迁补助费。在过渡期内，被拆迁人或者房屋承租人自行安排住处的，拆迁人应当支付临时安置补助费。

2. 与项目建设有关的其他费用

与项目建设有关的其他费用通常包括下列各项。工程估算及概算可依照实际情况进行计算。

（1）建设单位管理费

即建设项目从立项、筹建、建设、联合试运转、竣工验收、交付使用及后评估等全过程管理所需的费用。包括：

1）建设单位开办费

指新建项目所需办公设备、生活家具、用具、交通工具等购置费用。

2）建设单位经费

包括工作人员的基本工资、工资性补贴、职工福利费、劳动保护费、劳动保险费、办公费、差旅交通费、工会经费、职工教育经费、固定资产使用费、工具用具使用费、技术图书资料费、生产人员招募费、工程招标费、合同契约公证费、工程质量监督检测费、工程咨询费、法律顾问费、审计费、业务招待费、排污费、竣工交付使用清理及竣工验收费、后评估等费用。不包括应计入设备、材料预算价格的建设单位采购及保管设备材料所需的费用。

建设单位管理费根据单项工程费用之和（包括设备工器具购置费和建筑安装工程费用）乘以建设单位管理费率计算。

建设单位管理费率根据建设项目的不同性质、不同规模确定。有的建设项目根据建设工期和规定的金额计算建设单位管理费。

（2）勘察设计费

即为本建设项目提供项目建议书、可行性研究报告及设计文件等所需费用，包括：

1）编制项目建议书、可行性研究报告及投资估算、工程咨询、评价以及为编制上述文件所进行勘察、设计、研究试验等所需费用。

2）委托勘察、设计单位进行初步设计、施工图设计及概预算编制等所需费用。

3）在规定范围内由建设单位自行完成的勘察、设计工作所需费用。

勘察设计费中，项目建议书、可行性研究报告按国家颁布的收费标准计算，设计费依国家颁布的工程设计收费标准计算；勘察费一般民用建筑 6 层以下的按 3～5 元/m^2 计算，高层建筑按 8～10 元/m^2 计算，工业建筑按 10～12 元/m^2 计算。

(3) 研究试验费

即为建设项目提供和验证设计参数、数据、资料等所进行的必要的试验费用以及设计规定在施工中必须进行试验、验证所需费用。包括自行或委托其他部门研究试验所需人工费、材料费、试验设备及仪器使用费等。这项费用按设计单位根据本工程项目的需要提出的研究试验内容和要求计算。

(4) 建设单位临时设施费

即建设期间建设单位所需临时设施的搭设、维修、摊销费用或租赁费用。

临时设施包括临时宿舍、文化福利及公用事业房屋与构筑物、仓库、办公室、加工厂以及规定范围内的道路、水、电、管线等临时设施和小型临时设施。

(5) 工程监理费

即建设单位委托工程监理单位对工程实施监理工作所需费用。按照原国家物价局、原建设部《关于发布工程建设监理费用有关规定的通知》([1992] 价费字 479 号) 等文件规定，选择以下方法之一计算。

1) 一般情况应按工程建设监理收费标准计算，即按所监理工程概算或预算的百分比计算。

2) 对于单工种或临时性项目可根据参与监理的年度平均人数按 (3.5～5) 万元/人年计算。

(6) 工程保险费

即建设项目在建设期间根据需要实施工程保险所需的费用。包括以各种建筑工程及其在施工过程中的物料、机器设备为保险标的的建筑工程一切险，以安装工程中的各种机器、机械设备为保险标的的安装工程一切险，以及机器损坏保险等。按照不同的工程类别，分别用其建筑、安装工程费乘以建筑、安装工程保险费率计算。民用建筑（住宅楼、综合性大楼、商场、旅馆、医院、学校）占建筑工程费的 2‰～4‰；其他建筑（工业厂房、仓库、道路、码头、水坝、隧道、桥梁、管道等）占建筑工程费的 3‰～6‰；安装工程（农业、工业、机械、电子、电器、纺织、矿山、石油、化学及钢铁工业、钢结构桥梁）占建筑工程费的 3‰～6‰。

(7) 引进技术和进口设备其他费用

包括出国人员费用、国外工程技术人员来华费用、技术引进费、分期或延期付款利息、担保费以及进口设备检验鉴定费。

1) 出国人员费用

指为引进技术和进口设备派出人员在国外培训和进行设计联络，设备检验等的差旅费、制装费、生活费等。其根据设计规定的出国培训和工作的人数、时间及派往国家，按财政部、外交部规定的临时出国人员费用开支标准及中国民用航空公司现行国际航线票价等进行计算，其中使用外汇部分应计算银行财务费用。

2) 国外工程技术人员来华费用

指为安装进口设备，引进国外技术等聘用外国工程技术人员进行技术指导工作所发生的费用。包括技术服务费、外国技术人员的在华工资、生活补贴、差旅费、医药费、住宿费、交通费、宴请费、参观游览等招待费用。该费用按每人每月费用指标计算。

3）技术引进费

指为引进国外先进技术而支付的费用。包括专利费、专有技术费（技术保密费）、国外设计及技术资料费、计算机软件费等。该费用根据合同或协议的价格计算。

4）分期或延期付款利息

指利用出口信贷引进技术或进口设备采取分期或延期付款的办法所支付的利息。

5）担保费

指国内金融机构为买方出具保函的担保费。该费用按有关金融机构规定的担保费率计算（一般可按承保金额的5‰计算）。

6）进口设备检验鉴定费用

指进口设备按规定付给商品检验部门的进口设备检验鉴定费。该费用按进口设备货价的3‰～5‰计算。

（8）工程承包费

指具有总承包条件的工程公司，对工程建设项目从开始建设至竣工投产全过程的总承包所需的管理费用。包括组织勘察设计、设备材料采购、非标设备设计制造与销售、施工招标、发包、工程预决算、项目管理、施工质量监督、隐蔽工程检查、验收和试车直至竣工投产的各种管理费用。该费用按国家主管部门或省、自治区、直辖市协调规定的工程总承包费取费标准计算。无规定时，一般工业建设项目为投资估算的6%～8%，民用建筑和市政项目为4%～6%。不实行工程承包的项目不计算本项费用。

3. 与未来企业生产经营有关的其他费用

（1）联合试运转费

指新建企业或改扩建企业在工程竣工验收前，按照设计的生产工艺流程和质量标准对整个企业进行联合试运转所发生的费用支出与联合试运转期间的收入部分的差额部分。该费用一般根据不同性质的项目按需进行试运转的工艺设备购置费的百分比计算。

（2）生产准备费

指新建企业或新增生产能力的企业，为保证竣工交付使用进行必要的生产准备所发生的费用。包括生产人员培训费和其他费用。该费用一般根据需要培训和提前进厂人员的人数及培训时间，按生产准备费指标进行估算。

（3）办公和生活家具购置费

指为保证新建、改建、扩建项目初期正常生产、使用和管理所必须购置的办公和生活家具、用具的费用。这项费用改建、扩建项目低于新建项目。该费用按照设计定员人数乘以综合指标计算，通常为600～800元/人。

1.2.4 预备费与建设期贷款利息

1. 预备费

根据我国现行规定，预备费包括基本预备费和涨价预备费两项。

（1）基本预备费

指在初步设计及概算内难以预料的工程费用，包括：

1）在批准的初步设计范围内，技术设计、施工图设计及施工过程中所增加的工程费用；设计变更、局部地基处理等增加的费用。

2）一般自然灾害造成的损失和预防自然灾害所采取的措施费用。实行工程保险的工程项目费用应适当降低。

3）竣工验收时为鉴定工程质量对隐蔽工程进行必要的挖掘和修复费用。

基本预备费以设备及工、器具购置费，建筑安装工程费用和工程建设其他费用三者之和为计取基础，乘以基本预备费率进行计算。基本预备费率的取值应符合国家及部门的有关规定。

（2）涨价预备费

指建设项目在建设期间内由于价格等变化引起工程造价变化的预测预留费用。包括：人工、设备、材料、施工机械的价差费，建筑安装工程费及工程建设其他费用调整，利率、汇率调整等增加的费用。

涨价预备费通常根据国家规定的投资综合价格指数，以估算年份价格水平的投资额为基数，采用复利方法计算。计算公式如下：

$$PF = \sum_{t=1}^{n} I_t[(1+f)^m(1+f)^{0.5}(1+f)^{t-1}-1] \tag{1-38}$$

式中 PF——涨价预备费；

n——建设期年份数；

I_t——建设期中第 t 年的投资计划额，包括工程费用、工程建设其他费用及基本预备费，即第 t 年的静态投资；

f——年均投资价格上涨率；

m——建设前期年限（从编制估算到开工建设，单位：年）。

【例 1-2】 某建设项目初期静态投资为20000万元，建设期为3年，各年投资计划额如下：第一年7000万元，第二年10000万元，第三年3000万元，年均投资价格上涨率为6%，试计算建设项目建设期间涨价预备费。

【解】

第一年涨价预备费为：$PF_1 = I_1[(1+f)(1+f)^{0.5}-1]$

$= 7000 \times (1.06^{1.5}-1)$

$= 639.36$ 万元

第二年涨价预备费为：$PF_2 = I_2[(1+f)(1+f)^{0.5}(1+f)-1]$

$= 10000 \times (1.06^{2.5}-1)$

$= 1568.17$ 万元

第三年涨价预备费为：$PF_3 = I_3[(1+f)(1+f)^{0.5}(1+f)^2-1]$

$= 3000 \times (1.06^{3.5}-1)$

$= 678.68$ 万元

所以，建设期的涨价预备费为：

$$PF = 639.36 + 1568.17 + 678.68$$
$$= 2886.21 \text{万元}$$

2. 建设期贷款利息

建设期投资贷款利息即建设项目使用银行或其他金融机构的贷款，在建设期应归还的借款的利息。它在为了筹措建设项目资金所发生的各项费用中是最主要的。建设项目筹建期间借款的利息，按规定可以计入购建资产的价值或开办费。贷款机构在贷出款项时，一般均按复利考虑。对于投资者来说，在项目建设期间，投资项目一般没有还本付息的资金来源，就算按要求还款，其资金也可能是通过再申请借款来支付。当项目建设期长于一年时，为简化计算，可假定借款发生当年均在年中支用，按半年计息，年初欠款按全年计息，这样，建设期投资贷款的利息可按如下公式计算：

$$q_j = \left(P_{j-1} + \frac{1}{2}A_j\right) \cdot i \tag{1-39}$$

式中 q_j——建设期第 j 年应计利息；

P_{j-1}——建设期第（$j-1$）年末贷款累计金额与利息累计金额之和；

A_j——建设期第 j 年贷款金额；

i——年利率。

在国外贷款利息的计算中，还应包括国外贷款银行根据贷款协议向贷款方以年利率的方式收取的手续费、管理费、承诺费；以及国内代理机构经国家主管部门批准的以年利率的方式向贷款单位收取的转贷费、担保费、管理费等。

【例 1-3】 某建设期为 3 年的建设项目，分年均衡进行贷款，第一年贷款 240 万元，第二年贷款 560 万元，第三年贷款 320 万元，年利率为 12%，建设期内利息只计息不支付，试计算建设期利息。

【解】

在建设期，各年利息计算如下：

$$q_1 = \frac{1}{2}A_1 \times i = \frac{1}{2} \times 240 \times 12\% = 14.4 \text{ 万元}$$

$$q_2 = \left(p_1 + \frac{1}{2}A_2\right) \times i = \left(240 + 14.4 + \frac{1}{2} \times 560\right) \times 12\% = 64.13 \text{ 万元}$$

$$q_3 = \left(p_2 + \frac{1}{2}A_3\right) \times i = \left(240 + 14.4 + 64.13 + \frac{1}{2} \times 320\right) \times 12\% = 57.42 \text{ 万元}$$

建设期利息：$q_1 + q_2 + q_3 = 14.4 + 64.13 + 57.42 = 135.95$ 万元

2 给水排水、采暖、燃气管道安装手工算量与实例精析

2.1 给水排水、采暖、燃气管道安装工程量手算方法

2.1.1 给水排水、采暖、燃气管道

1. 镀锌钢管

(1) 清单工程量

1) 计算公式

$$镀锌钢管工程量 = 管道中心线长度 \quad (m)$$

2) 计算规则及说明

① 镀锌钢管是一般钢管的冷镀管，采用电镀工艺制成，只在钢管外壁镀锌、钢管的内壁没有镀锌，其清单工程量按设计图示管道中心线以长度计算。

② 镀锌钢管清单工程量计算不扣除阀门、管件（包括减压器、疏水器、水表、伸缩器等组成安装）及附属构筑物所占长度；方形补偿器以其所占长度列入管道安装工程量。

③ 镀锌钢管清单工程量计算规则中的安装部位，指的是管道安装在室内、室外。

④ 方形补偿器制作安装应含在镀锌钢管安装综合单价中。

(2) 定额工程量

1) 计算公式

$$镀锌钢管工程量 = \frac{镀锌钢管中心线长度}{10} \quad (10m)$$

2) 计算规则及说明

① 镀锌钢管定额工程量以施工图所示中心长度，以“10m”为计量单位，不扣除阀门、管件（包括减压器、疏水器、水表、伸缩器等组成安装）所占的长度。

② 镀锌薄钢板套管制作以“个”为计量单位，其安装已包括在管道安装定额内，不得另行计算。

(3) 镀锌钢管工程量计算资料

1) 室外镀锌钢管接头零件，见表 2-1。

室外镀锌钢管接头零件（单位：10m） **表 2-1**

材料名称	DN15			DN20			DN25		
	用量	单价/元	金额/元	用量	单价/元	金额/元	用量	单价/元	金额/元
三通	—	—	—	—	—	—	—	—	—
弯头	0.75	0.76	0.57	0.75	1.11	0.83	0.75	1.70	1.28
管箍	1.15	0.64	0.74	1.15	0.82	0.94	1.15	1.30	1.50
补芯	—	—	—	0.02	0.68	0.01	0.02	1.10	0.02
合计	1.9	—	1.31	1.92	—	1.78	1.92	—	2.80
综合单价/元	—	0.69	—	—	0.93	—	—	1.46	—

续表

材料名称	DN32			DN40			DN50		
	用量	单价/元	金额/元	用量	单价/元	金额/元	用量	单价/元	金额/元
三通	—	—	—	0.20	5.36	1.07	0.18	7.89	1.42
弯头	0.75	2.75	2.06	0.81	3.64	2.95	0.75	5.71	4.28
管箍	1.15	1.88	2.16	0.83	2.84	2.36	0.90	4.08	3.67
补芯	0.02	1.79	0.04	0.02	2.30	0.05	0.02	3.33	0.07
合计	1.92	—	4.26	1.86	—	6.43	1.85	—	9.44
综合单价/元	—	2.22	—	—	3.46	—	—	5.10	—
材料名称	DN65			DN80			DN100		
	用量	单价/元	金额/元	用量	单价/元	金额/元	用量	单价/元	金额/元
三通	0.14	14.16	1.98	0.14	20.87	2.92	0.14	35.16	4.92
弯头	0.70	10.06	7.04	0.65	14.66	9.53	0.51	26.71	13.62
管箍	0.90	7.39	6.65	0.90	10.31	9.28	0.95	18.80	17.86
补芯	0.02	6.40	0.13	0.03	9.63	0.29	0.03	16.90	0.51
合计	1.76	—	15.80	1.72	—	22.02	1.63	—	36.91
综合单价/元	—	8.98	—	—	12.80	—	—	22.64	—

材料名称	DN125			DN150		
	用量	单价/元	金额/元	用量	单价/元	金额/元
三通	0.14	62.43	8.74	0.14	80.28	11.24
弯头	0.45	50.06	22.53	0.31	78.22	24.25
管箍	0.95	28.82	27.38	1.00	46.05	46.05
补芯	0.05	26.12	1.31	0.06	41.73	2.50
合计	1.59	—	59.96	1.51	—	84.04
综合单价/元	—	37.71	—	—	55.66	—

2）室内镀锌钢管接头零件，见表 2-2。

室内镀锌钢管接头零件（单位：10m） **表 2-2**

材料名称	DN15			DN20			DN25		
	用量	单价/元	金额/元	用量	单价/元	金额/元	用量	单价/元	金额/元
三通	3.17	1.05	3.33	3.82	1.61	6.15	3.00	2.66	7.98
弯头	11.00	0.76	8.36	3.46	1.11	3.84	3.82	1.70	6.49
补芯	—	—	—	2.77	0.68	1.88	1.51	1.10	1.66
管箍	2.20	0.64	1.41	1.42	0.82	1.16	1.41	1.30	1.83
四通	—	—	—	0.05	2.46	0.12	0.04	3.40	0.14
合计	16.37	—	13.10	11.52	—	13.15	9.78	—	18.10
综合单价/元	—	0.80	—	—	1.14	—	—	1.85	—
材料名称	DN32			DN40			DN50		
	用量	单价/元	金额/元	用量	单价/元	金额/元	用量	单价/元	金额/元
三通	2.19	3.85	8.43	1.37	5.36	7.34	1.85	7.89	14.60
弯头	3.00	2.75	8.25	2.77	3.64	10.08	3.06	5.71	17.47
补芯	1.28	1.79	2.29	1.40	2.30	3.22	0.59	3.33	1.96

续表

材料名称	DN32			DN40			DN50		
	用量	单价/元	金额/元	用量	单价/元	金额/元	用量	单价/元	金额/元
管箍	1.54	1.88	2.90	1.61	2.84	4.57	1.00	4.08	4.08
四通	0.02	5.34	0.11	0.01	6.58	0.07	0.01	9.88	0.10
合计	8.03	—	21.98	7.16	—	25.28	6.51	—	38.21
综合单价/元	—	2.74	—	—	3.53	—	—	5.87	—

材料名称	DN65			DN80			DN100		
	用量	单价/元	金额/元	用量	单价/元	金额/元	用量	单价/元	金额/元
三通	1.62	14.16	22.94	0.71	20.87	14.82	1.00	35.16	35.16
弯头	1.67	10.06	16.80	1.50	14.66	21.99	0.66	26.71	17.63
补芯	0.37	6.40	2.37	0.16	9.63	1.54	0.20	16.90	3.38
管箍	0.59	7.39	4.36	1.54	10.31	15.88	0.81	18.80	15.23
四通	—	—	—	—	—	—	0.01	41.24	0.41
合计	4.25	—	46.47	3.91	—	54.23	2.68	—	71.81
综合单价/元	—	10.93	—	—	13.87	—	—	26.79	—

材料名称	DN125			DN150		
	用量	单价/元	金额/元	用量	单价/元	金额/元
三通	0.40	62.43	24.97	0.40	80.28	32.11
弯头	0.51	50.06	25.53	0.51	78.22	39.89
补芯	0.25	26.12	6.53	0.25	41.73	10.43
管箍	1.14	28.82	32.86	1.14	46.05	52.50
四通	—	—	—	—	—	—
合计	2.30	—	89.89	2.30	—	134.93
综合单价/元	—	39.08	—	—	58.67	—

3）燃气室外镀锌钢管接头零件，见表 2-3。

燃气室外镀锌钢管接头零件（单位：10m） **表 2-3**

材料名称	DN25			DN32			DN40			DN50		
	用量	单价/元	金额/元	用量	单价/元	金额/元	用量	单价/元	金额/元	用量	单价/元	金额/元
三通	2.24	2.66	5.96	2.24	3.85	8.62	1.61	5.36	8.63	1.61	7.89	12.70
弯头	1.12	1.70	1.90	1.12	2.75	3.08	0.84	3.64	3.06	0.84	5.71	4.80
管箍	1.12	1.30	1.46	1.12	1.88	2.11	0.89	2.84	2.53	0.89	4.08	3.63
活接	1.12	3.79	4.24	1.12	5.47	6.13	0.59	8.26	4.87	0.59	10.68	6.30
六角外丝	2.24	1.26	2.82	2.24	1.87	4.19	1.99	2.82	5.61	1.99	3.98	7.92
丝堵	2.24	0.93	2.08	2.24	1.23	2.76	1.86	1.80	3.35	1.86	3.10	5.77
合计	10.08	—	18.46	10.08	—	26.89	7.78	—	28.05	7.78	—	41.12
综合单价/元	—	1.83	—	—	2.67	—	—	3.61	—	—	5.29	—

4）燃气室内镀锌钢管接头零件，见表 2-4。

燃气室内镀锌钢管接头零件（单位：10m） **表 2-4**

材料名称	*DN*15			*DN*20			*DN*25		
	用量	单价/元	金额/元	用量	单价/元	金额/元	用量	单价/元	金额/元
四通	—	—	—	0.01	2.46	0.02	—	—	—
三通	0.74	1.05	0.78	1.79	1.61	2.88	2.84	2.66	7.55
弯头	5.65	0.76	4.29	4.61	1.11	5.12	3.58	1.70	6.09
六角外丝	1.97	0.62	1.22	1.29	0.85	1.10	0.64	1.26	0.81
丝堵	—	—	—	1.34	0.54	0.72	0.60	0.93	0.56
管箍	—	—	—	0.05	0.82	0.04	0.29	1.30	0.37
活接	1.49	2.24	3.34	0.07	2.73	0.19	0.76	3.79	2.88
补芯	—	—	—	—	—	—	0.27	1.10	0.30
合计	9.85	—	9.63	9.16	—	10.07	8.98	—	18.57
综合单价/元	—	0.98	—	—	1.10	—	—	2.07	—
材料名称	*DN*32			*DN*40			*DN*50		
	用量	单价/元	金额/元	用量	单价/元	金额/元	用量	单价/元	金额/元
四通	—	—	—	0.01	6.58	0.07	0.27	9.88	2.67
三通	3.89	3.85	14.98	3.48	5.36	18.65	3.03	7.89	23.91
弯头	1.03	2.75	2.83	1.68	3.64	6.12	3.07	5.71	17.53
六角外丝	0.97	1.87	1.81	0.59	2.82	1.66	0.39	3.98	1.55
丝堵	0.82	1.23	1.01	0.41	1.80	0.74	0.10	3.10	0.31
管箍	0.33	1.88	0.62	0.33	2.84	0.94	0.44	4.08	1.80
活接	0.40	5.47	2.19	0.56	8.26	4.63	0.48	10.68	5.13
补芯	1.30	1.79	2.33	1.57	2.30	3.61	0.74	3.33	2.46
合计	8.74	—	25.77	8.63	—	36.41	8.52	—	55.36
综合单价/元	—	2.95	—	—	4.22	—	—	6.50	—
材料名称	*DN*65			*DN*80			*DN*100		
	用量	单价/元	金额/元	用量	单价/元	金额/元	用量	单价/元	金额/元
四通	0.43	18.63	8.01	0.43	23.73	10.20	0.43	41.24	17.73
三通	3.12	14.16	44.18	2.26	20.87	47.17	1.40	35.16	49.22
弯头	2.07	10.06	20.82	2.07	14.66	30.35	2.07	26.71	55.29
六角外丝	0.30	7.02	2.11	0.30	10.50	3.15	0.30	19.26	5.78
丝堵	0.79	5.40	4.27	0.79	8.57	6.77	0.79	14.78	11.68
管箍	0.09	7.39	0.67	0.09	10.31	0.93	0.09	18.80	1.69
活接	0.01	20.50	0.21	0.01	27.33	0.27	0.01	48.45	0.48
补芯	0.02	6.40	0.13	0.02	9.63	0.19	0.02	16.90	0.34
合计	6.83	—	80.40	5.97	—	99.03	5.11	—	142.21
综合单价/元	—	11.77	—	—	16.58	—	—	27.83	—

2. 钢管

（1）清单工程量

1）计算公式

$$钢管工程量 = 管道中心线长度 \quad (m)$$

2）计算规则及说明

钢管按照不同的分类方式可以分为不同类别。

① 按照生产方法，钢管可以分为无缝钢管和焊接钢管两大类。

② 按照断面形状，钢管可以分为简单断面钢管和复杂断面钢管两大类。

③ 按照壁厚，钢管可以分为薄壁钢管和厚壁钢管。

④ 按照用途，钢管可以分为管道用钢管、热工设备用钢管、机械工业用钢管、石油地质勘探用钢管、容器钢管、化学工业用钢管、特殊用途钢管等几种。

钢管清单工程量按设计图示管道中心线以长度计算，不扣除阀门、管件（包括减压器、疏水器、水表、伸缩器等组成安装）及附属构筑物所占长度；方形补偿器以其所占长度列入管道安装工程量。

（2）定额工程量

1）计算公式

$$钢管工程量=\frac{钢管中心线长度}{10} \quad (10m)$$

2）计算规则及说明

① 钢管定额工程量包括以下工作内容：

a. 管道及接头零件安装。

b. 水压试验或灌水试验。

c. 室内 *DN*32 以内钢管包括管卡及托钩制作安装。

d. 钢管包括弯管制作与安装（伸缩器除外），无论是现场摵制或成品弯管均不得换算。

② 钢管定额工程量不包括以下工作内容：

a. 室内外管道沟土方及管道基础，应执行《全国统一建筑工程基础定额》GJD 101—1995。

b. 钢管安装中不包括法兰、阀门及伸缩器的制作、安装按相应项目另行计算。

c. *DN*32 以上的钢管支架，按定额管道支架另行计算。

d. 过楼板的钢套管的制作、安装工料，按室外钢管（焊接）项目计算。

③ 钢管定额工程量以施工图所示中心长度，以“10m”为计量单位，不扣除阀门、管件（包括减压器、疏水器、水表、伸缩器等组成安装）所占的长度。

④ 钢管焊接挖眼接管工作，均在定额中综合取定，不得另行计算。

（3）钢管工程量计算资料

1）室外焊接钢管接头零件，见表 2-5。

室外焊接钢管接头零件（单位：10m） **表 2-5**

材料名称	*DN*15			*DN*20			*DN*25		
	用量	单价/元	金额/元	用量	单价/元	金额/元	用量	单价/元	金额/元
三通	—	—	—	—	—	—	—	—	—
弯头	0.75	0.50	0.38	0.75	0.69	0.52	0.75	1.17	0.88
补芯	—	—	—	0.02	0.51	0.01	0.02	0.81	0.02
管箍	1.15	0.46	0.53	1.15	0.62	0.71	1.15	0.93	1.07
合计	1.90	—	0.91	1.92	—	1.24	1.92	—	1.97
综合单价/元	—	0.48	—	—	0.65	—	—	1.03	—

续表

材料名称	DN32			DN40			DN50		
	用量	单价/元	金额/元	用量	单价/元	金额/元	用量	单价/元	金额/元
三通	—	—	—	0.20	3.49	0.70	0.18	5.71	1.03
弯头	0.75	1.80	1.35	0.81	2.67	2.16	0.75	4.04	3.03
补芯	0.02	1.24	0.02	0.02	1.61	0.03	0.02	2.34	0.05
管箍	1.15	1.37	1.58	0.83	2.01	1.67	0.90	2.69	2.42
合计	1.92	—	2.95	1.86	—	4.56	1.85	—	6.53
综合单价/元	—	1.54	—	—	2.45	—	—	3.53	—

材料名称	DN65			DN80			DN100		
	用量	单价/元	金额/元	用量	单价/元	金额/元	用量	单价/元	金额/元
三通	0.14	11.06	1.55	0.14	16.15	2.26	0.14	28.20	3.95
弯头	0.70	7.70	5.39	0.65	10.93	7.10	0.51	20.44	10.42
补芯	0.02	4.60	0.09	0.03	6.96	0.21	0.03	12.05	0.36
管箍	0.90	5.47	4.92	0.90	8.01	7.21	0.95	14.41	13.69
合计	1.76	—	11.95	1.72	—	16.78	1.63	—	28.42
综合单价/元	—	6.79	—	—	9.76	—	—	17.44	—

材料名称	DN125			DN150		
	用量	单价/元	金额/元	用量	单价/元	金额/元
三通	0.14	49.86	6.98	0.14	60.13	8.42
弯头	0.45	37.55	16.90	0.31	54.08	16.76
补芯	0.05	18.84	0.94	0.06	28.26	1.70
管箍	0.95	22.88	21.74	1.00	34.32	34.32
合计	1.59	—	46.56	1.51	—	61.20
综合单价/元	—	29.28	—	—	40.53	—

2）室内焊接钢管接头零件，见表 2-6。

室内焊接钢管接头零件（单位：10m） **表 2-6**

材料名称	DN15			DN20			DN25		
	用量	单价/元	金额/元	用量	单价/元	金额/元	用量	单价/元	金额/元
三通	0.83	0.68	0.56	2.50	1.00	2.50	3.29	1.61	5.30
弯头	3.20	0.50	1.60	3.00	0.69	2.07	2.64	1.17	3.09
补芯	—	—	—	0.83	0.51	0.42	2.46	0.81	1.99
四通	—	—	—	0.14	1.68	0.24	0.34	2.40	0.82
管箍	6.40	0.46	2.94	4.90	0.62	3.04	3.39	0.93	3.15
根母	6.26	0.23	1.44	4.76	0.30	1.43	2.95	0.45	1.33
丝堵	0.27	0.31	0.08	0.06	0.41	0.02	0.07	0.60	0.04
合计	16.96	—	6.62	16.19	—	9.72	15.14	—	15.72
综合单价/元	—	0.39	—	—	0.60	—	—	1.04	—

材料名称	DN32			DN40			DN50		
	用量	单价/元	金额/元	用量	单价/元	金额/元	用量	单价/元	金额/元
三通	3.14	2.54	7.98	2.14	3.49	7.47	1.58	5.71	9.02
弯头	2.41	1.80	4.34	2.64	2.67	7.05	2.85	4.04	11.51

续表

材料名称	DN32			DN40			DN50		
	用量	单价/元	金额/元	用量	单价/元	金额/元	用量	单价/元	金额/元
补芯	2.02	1.24	2.50	0.96	1.61	1.55	0.59	2.34	1.38
四通	0.63	3.65	2.30	0.43	4.84	2.08	0.16	7.21	1.15
管箍	1.91	1.37	2.62	1.67	2.01	3.36	1.03	2.69	2.77
根母	0.77	0.68	0.52	—	—	—	—	—	—
丝堵	—	—	—	—	—	—	—	—	—
合计	10.88	—	20.26	7.84	—	21.51	6.21	—	25.83
综合单价/元	—	1.86	—	—	2.74	—	—	4.16	—

材料名称	DN65			DN80			DN100		
	用量	单价/元	金额/元	用量	单价/元	金额/元	用量	单价/元	金额/元
三通	1.63	11.06	18.03	1.08	16.15	17.44	1.02	28.20	28.76
弯头	1.26	7.70	9.70	0.98	10.93	10.71	1.20	20.44	24.53
补芯	0.58	4.60	2.67	0.45	6.96	3.13	0.33	12.05	3.98
管箍	0.88	5.47	4.81	1.03	8.01	8.25	0.95	14.41	13.69
合计	4.35	—	35.21	3.54	—	39.53	3.50	—	70.96
综合单价/元	—	8.09	—	—	11.17	—	—	20.27	—

材料名称	DN125			DN150		
	用量	单价/元	金额/元	用量	单价/元	金额/元
三通	0.70	49.86	34.90	0.70	60.13	42.09
弯头	0.80	37.55	30.04	0.80	54.08	43.26
补芯	0.20	18.84	3.77	0.20	28.26	5.65
管箍	0.90	22.88	20.59	0.90	34.32	30.89
合计	2.60	—	89.30	2.60	—	121.89
综合单价/元	—	34.35	—	—	46.88	—

3. 不锈钢管

(1) 清单工程量

1) 计算公式

$$\text{不锈钢管工程量} = \text{管道中心线长度} \quad (\mathrm{m})$$

2) 计算规则及说明

① 不锈钢管清单工程量按设计图示管道中心线以长度计算，不扣除阀门、管件（包括减压器、疏水器、水表、伸缩器等组成安装）及附属构筑物所占长度。

② 方形补偿器以其所占长度列入管道安装工程量。

(2) 定额工程量

1) 计算公式

$$\text{不锈钢管工程量} = \frac{\text{不锈钢管中心线长度}}{10} \quad (10\mathrm{m})$$

2) 定额工程量计算规则及说明

不锈钢管定额工程量以施工图所示中心长度，以“10m”为计量单位，不扣除阀门、管件（包括减压器、疏水器、水表、伸缩器等组成安装）所占的长度。

4. 铜管

(1) 清单工程量

1) 计算公式

$$铜管工程量 = 管道中心线长度 \quad (m)$$

2) 计算规则及说明

① 铜管常用于制造换热设备（如冷凝器等），也用于制氧设备中装配低温管路，其清单工程量按设计图示管道中心线以长度计算，不扣除阀门、管件（包括减压器、疏水器、水表、伸缩器等组成安装）及附属构筑物所占长度。

② 方形补偿器以其所占长度列入管道安装工程量。

(2) 定额工程量

1) 计算公式

$$铜管工程量 = \frac{铜管中心线长度}{10} \quad (10m)$$

2) 计算规则及说明

铜管定额工程量以施工图所示中心长度，以“10m”为计量单位，不扣除阀门、管件（包括减压器、疏水器、水表、伸缩器等组成安装）所占的长度。

5. 铸铁管

(1) 清单工程量

1) 计算公式

$$铸铁管工程量 = 管道中心线长度 \quad (m)$$

2) 计算规则及说明

① 铸铁管安装适用于承插铸铁管、球墨铸铁管、柔性抗震铸铁管等，其清单工程量按设计图示管道中心线以长度计算，不扣除阀门、管件（包括减压器、疏水器、水表、伸缩器等组成安装）及附属构筑物所占长度。

② 方形补偿器以其所占长度列入管道安装工程量。

(2) 定额工程量

1) 计算公式

$$铸铁管工程量 = \frac{铸铁管中心线长度}{10} \quad (10m)$$

2) 计算规则及说明

① 铸铁排水管、雨水管及塑料排水管，均包括管卡及托吊支架、臭气帽、雨水漏斗制作安装。

② 室内外给水、雨水铸铁管包括接头零件所需的人工，但接头零件价格应另行计算。

③ 铸铁管定额工程量以施工图所示中心长度，以“10m”为计量单位，不扣除阀门、管件（包括减压器、疏水器、水表、伸缩器等组成安装）所占的长度。

④ 铸铁管安装，定额内未包括接头零件，可以按设计数量另行计算，但人工费、机械费不变。

⑤ 承插煤气铸铁管，以N和X型接口形式编制的，如果采用N型和SMJ型接口时，其人工费乘以系数1.05；当安装X型，ϕ400铸铁管接口时，每个口增加螺栓2.06套，人

工费乘以系数 1.08。

⑥ 燃气输送压力大于 0.2MPa 时，承插煤气铸铁管安装定额中人工乘以系数 1.3。燃气输送压力的分级见表 2-7。

燃气输送压力（表压）分级 **表 2-7**

名　称	低压燃气管道	中压燃气管道		高压燃气管道	
		B	A	B	A
压力/MPa	P≤0.005	0.005<P≤0.2	0.2<P≤0.4	0.4<P≤0.8	0.8<P≤1.6

（3）铸铁管工程量计算资料

1）室内排水铸铁管接头零件，见表 2-8。

室内排水铸铁管接头零件（单位：10m） **表 2-8**

材料名称	DN50			DN75			DN100		
	用量	单价/元	金额/元	用量	单价/元	金额/元	用量	单价/元	金额/元
三通	1.09	12.61	13.74	1.85	17.97	33.24	4.27	26.58	113.50
四通	—	—	—	0.13	15.76	2.05	0.24	21.33	5.12
弯头	5.28	6.93	36.59	1.52	10.19	15.49	3.93	13.66	53.68
扫除口	0.20	14.50	2.90	2.66	25.32	67.35	0.77	37.09	28.56
接轮	—	—	—	2.72	9.25	25.16	1.04	12.29	12.78
异径管	—	—	—	0.16	7.98	1.28	0.30	11.14	3.34
合计	6.575	—	53.23	9.04	—	144.57	10.55	—	216.98
综合单价/元	—	8.10	—	—	15.99	—	—	20.57	—

材料名称	DN150			DN200		
	用量	单价/元	金额/元	用量	单价/元	金额/元
三通	2.36	55.47	130.91	2.04	90.04	183.68
四通	0.17	36.98	6.29	—	—	—
弯头	1.27	26.06	33.10	1.71	47.70	81.57
扫除口	0.01	75.64	0.76	—	—	—
接轮	0.92	21.43	19.72	—	—	—
异径管	0.34	18.70	6.36	—	—	—
合计	5.07	—	197.14	3.75	—	265.25
综合单价/元	—	38.88	—	—	70.73	—

2）柔性抗震铸铁排水管接头零件，见表 2-9。

柔性抗震铸铁排水管接头零件（单位：10m） **表 2-9**

材料名称	DN50			DN75			DN100		
	用量	单价/元	金额/元	用量	单价/元	金额/元	用量	单价/元	金额/元
柔性下水铸铁弯头	5.28	9.04	47.73	1.52	12.29	18.68	3.93	17.73	69.80
柔性下水铸铁三通	1.09	19.65	21.42	1.85	31.94	59.09	4.27	48.01	205.00
柔性下水铸铁四通	—	—	—	0.13	46.44	6.04	0.24	83.94	20.15
柔性下水铸铁接轮	—	—	—	2.72	12.40	33.73	1.04	15.86	16.49
柔性下水铸铁异径管	—	—	—	0.16	12.61	2.02	0.30	14.81	4.44
柔性下水铸铁检查口	0.20	14.50	2.90	2.66	25.32	67.35	0.77	37.90	29.18
合计	6.57	—	72.05	9.04	—	186.91	10.55	—	345.06
综合单价/元	—	10.97	—	—	20.68	—	—	32.71	—

续表

材料名称	DN150			DN200		
	用量	单价/元	金额/元	用量	单价/元	金额/元
柔性下水铸铁弯头	1.27	35.62	45.24	1.71	56.31	96.29
柔性下水铸铁三通	2.36	100.00	236.00	2.04	142.00	289.68
柔性下水铸铁四通	0.17	148.00	25.16	—	—	—
柔性下水铸铁接轮	0.92	30.95	28.47	—	—	—
柔性下水铸铁异径管	0.34	23.64	8.04	—	—	—
柔性下水铸铁检查口	0.01	75.64	0.76	—	—	—
合计	5.07	—	343.67	3.75	—	385.97
综合单价/元	—	67.78	—	—	102.93	—

6. 塑料管

（1）清单工程量

1）计算公式

$$塑料管工程量 = 管道中心线长度 \quad (m)$$

2）计算规则及说明

① 塑料管安装适用于UPVC、PVC、PP-C、PP-R、PE、PB管等塑料管材，其清单工程量按设计图示管道中心线以长度计算，不扣除阀门、管件（包括减压器、疏水器、水表、伸缩器等组成安装）及附属构筑物所占长度；方形补偿器以其所占长度列入管道安装工程量。

② 塑料管的输送介质包括给水、排水、中水、雨水、热媒体、燃气、空调水等。

（2）定额工程量

1）计算公式

$$塑料管工程量 = \frac{塑料管中心线长度}{10} \quad (10m)$$

2）计算规则及说明

塑料管定额工程量以施工图所示中心长度，以“10m”为计量单位，不扣除阀门、管件（包括减压器、疏水器、水表、伸缩器等组成安装）所占的长度。

7. 复合管

（1）清单工程量

1）计算公式

$$复合管工程量 = 管道中心线长度 \quad (m)$$

2）计算规则及说明

复合管安装适用于钢塑复合管、铝塑复合管、钢骨架复合管等复合型管道安装，其清单工程量按设计图示管道中心线以长度计算，不扣除阀门、管件（包括减压器、疏水器、水表、伸缩器等组成安装）及附属构筑物所占长度；方形补偿器以其所占长度列入管道安装工程量。

（2）定额工程量

1）计算公式

$$复合管工程量 = \frac{复合管中心线长度}{10} \quad (10m)$$

2）计算规则及说明

复合管定额工程量以施工图所示中心长度，以“10m”为计量单位，不扣除阀门、管件（包括减压器、疏水器、水表、伸缩器等组成安装）所占的长度。

8. 直埋式预制保温管

（1）清单工程量

1）计算公式

$$直埋式预制保温管工程量 = 管道中心线长度 \quad (m)$$

2）计算规则及说明

直埋保温管包括直埋保温管件安装及接口保温，其清单工程量按设计图示管道中心线以长度计算，不扣除阀门、管件（包括减压器、疏水器、水表、伸缩器等组成安装）及附属构筑物所占长度；方形补偿器以其所占长度列入管道安装工程量。

（2）定额工程量

1）计算公式

$$直埋式预制保温管工程量 = \frac{直埋式预制保温管中心线长度}{10} \quad (10m)$$

2）计算规则及说明

直埋式预制保温管定额工程量以施工图所示中心长度，以“10m”为计量单位，不扣除阀门、管件（包括减压器、疏水器、水表、伸缩器等组成安装）所占的长度。

9. 承插陶瓷缸瓦管

（1）计算公式

$$承插陶瓷缸瓦管工程量 = 管道中心线长度 \quad (m)$$

（2）计算规则及说明

承插陶瓷缸瓦管工程量按设计图示管道中心线以长度计算，不扣除阀门、管件（包括减压器、疏水器、水表、伸缩器等组成安装）及附属构筑物所占长度。

10. 承插水泥管

（1）计算公式

$$承插水泥管工程量 = 管道中心线长度 \quad (m)$$

（2）计算规则及说明

1）常用承插水泥管包括混凝土管和钢筋混凝土管。

2）承插水泥管工程量按设计图示管道中心线以长度计算，不扣除阀门、管件（包括减压器、疏水器、水表、伸缩器等组成安装）及附属构筑物所占长度。

11. 室外管道碰头

（1）计算公式

$$室外管道碰头工程量 = 图示数量 \quad (处)$$

（2）计算规则及说明

1）室外管道碰头适用于新建或扩建工程热源、水源、气源管道与原（旧）有管道碰头。

2）室外管道碰头包括挖工作坑、土方回填或散热器沟局部拆除及修复。

3）带介质管道碰头包括开关闸、临时放水管线铺设等费用。

4）热源管道碰头每处包括供、回水两个接口。

5）碰头形式指带介质碰头、不带介质碰头。

6）室外管道碰头清单工程量按设计图示以处计算。

2.1.2 支架及其他

1. 管道支架

（1）清单工程量

1）计算公式

$$管道支架工程量 = 支架个数 \times 单个支架质量 \quad (kg)$$

或

$$管道支架工程量 = 图示数量 \quad (套)$$

2）计算规则及说明

① 管道支架清单工程量以千克计量，按设计图示质量计算。

② 管道支架清单工程量以套计量，按设计图示数量计算。

③ 单件支架质量100kg以上的管道支吊架执行设备支吊架制作安装。

④ 成品支架安装执行相应管道支架项目，不再计取制作费，支架本身价值含在综合单价中。

（2）定额工程量

1）计算公式

$$管道支架工程量 = \frac{支架个数 \times 单个支架质量}{100} \quad (100kg)$$

2）计算规则及说明

① 管道支架制作安装，室内管道公称直径32mm以下的安装工程已包括在内，不得另行计算；公称直径32mm以上的，可另行计算。

② 管道支架定额工程量以“100kg”为计量单位。

2. 设备支架

（1）计算公式

$$设备支架工程量 = 支架个数 \times 单支架重量 \quad (kg)$$

或

$$设备支架工程量 = 图示数量 \quad (套)$$

（2）计算规则及说明

1）设备支架清单工程量以千克计量，按设计图示质量计算。

2）设备支架清单工程量以套计量，按设计图示数量计算。

3）成品支架安装执行相应设备支架项目，不再计取制作费，支架本身价值含在综合单价中。

3. 套管

（1）清单工程量

1）计算公式

$$套管工程量 = 图示数量 \quad (个)$$

2）计算规则及说明

① 套管是给水管道穿过楼板或墙体时为保护给水管道和便于防水所设置的管件，其清单工程量按设计图示数量计算。

② 套管制作安装，适用于穿基础、墙、楼板等部位的防水套管、填料套管、无填料套管及防火套管等，应分别列项。

（2）定额工程量

1）计算公式

$$套管工程量=\frac{套管个数}{计量单位}\quad（个）$$

2）计算规则及说明

镀锌薄钢板套管制作以“个”为计量单位。

2.1.3 管道附件

1. 螺纹阀门

（1）清单工程量

1）计算公式

螺纹阀门工程量 = 图示数量　（个）

2）计算规则及说明

① 螺纹阀门清单工程量按设计图示数量计算。

② 螺纹阀门指阀体带有内螺纹或外螺纹，与管道螺纹连接的阀门。管径小于或等于32mm宜采用螺纹连接。

（2）定额工程量

1）计算公式

$$螺纹阀门工程量=\frac{螺纹阀门个数}{计量单位}\quad（个）$$

2）计算规则及说明

① 螺纹阀门安装适用于各种内外螺纹连接的阀门安装。

② 螺纹阀门安装以“个”为计量单位。法兰阀门安装，若仅为一侧法兰连接时，定额所列法兰、带帽螺栓及垫圈数量减半，其余不变。

2. 螺纹法兰阀门

（1）清单工程量

1）计算公式

螺纹法兰阀门工程量 = 图示数量　（个）

2）计算规则及说明

① 法兰阀门安装包括法兰连接，不得另计。阀门安装如仅为一侧法兰连接时，应在项目特征中描述。

② 螺纹法兰阀门清单工程量按设计图示数量计算。

(2) 定额工程量

1) 计算公式

$$螺纹法兰阀门工程量=\frac{螺纹法兰阀门个数}{计量单位}\quad（个）$$

2) 计算规则及说明

① 螺纹法兰阀门安装以“个”为计量单位。法兰阀门安装，若仅为一侧法兰连接时，定额所列法兰、带帽螺栓及垫圈数量减半，其余不变。

② 法兰阀门安装适用于各种法兰阀门的安装。若仅为一侧法兰连接时，定额中的法兰、带帽螺栓及钢垫圈数量减半。

3. 焊接法兰阀门

(1) 清单工程量

1) 计算公式

焊接法兰阀门工程量＝图示数量　（个）

2) 计算规则及说明

① 法兰阀门安装包括法兰连接，不得另计。阀门安装如仅为一侧法兰连接时，应在项目特征中描述。

② 焊接法兰阀门清单工程量按设计图示数量计算。

(2) 定额工程量

1) 计算公式

$$焊接法兰阀门工程量=\frac{焊接法兰阀门个数}{计量单位}\quad（个）$$

2) 计算规则及说明

① 焊接法兰阀门安装以“个”为计量单位。法兰阀门安装，若仅为一侧法兰连接时，定额所列法兰、带帽螺栓及垫圈数量减半，其余不变。

② 法兰阀门安装适用于各种法兰阀门的安装。若仅为一侧法兰连接时，定额中的法兰、带帽螺栓及钢垫圈数量减半。

4. 带短管甲乙阀门

(1) 清单工程量

1) 计算公式

带短管甲乙阀门工程量＝图示数量　（个）

2) 计算规则及说明

① 带短管甲乙阀门清单工程量按设计图示数量计算。

② 带短管甲乙阀门中的“短管甲”是带承插口管段，用于阀门进水管侧，“短管乙”是直管段，用于阀门出口侧。

③ 带短管甲乙阀门通常用于承插接口的管道工程中。

(2) 定额工程量

1) 计算公式

$$带短管甲乙阀门安装工程量=\frac{带短管甲乙阀门个数}{计量单位}\quad（个）$$

或

$$法兰阀(带短管甲乙)安装工程量 = \frac{法兰阀(带短管甲乙)数量}{计量单位} \quad (套)$$

2）计算规则及说明

① 带短管甲乙阀门安装以“个”为计量单位。法兰阀门安装，若仅为一侧法兰连接时，定额所列法兰、带帽螺栓及垫圈数量减半，其余不变。

② 法兰阀（带短管甲乙）安装，均以“套”为计量单位。若接口材料不同，可调整。

5. 塑料阀门

（1）清单工程量

1）计算公式

$$塑料阀门工程量 = 图示数量 \quad (个)$$

2）计算规则及说明

① 塑料阀门清单工程量按设计图示数量计算。

② 塑料阀门连接形式需注明热熔连接、粘接、热风焊接等方式。

（2）定额工程量

1）计算公式

$$塑料阀门工程量 = \frac{塑料阀门个数}{计量单位} \quad (个)$$

2）计算规则及说明

塑料阀门安装以“个”为计量单位。法兰阀门安装，若仅为一侧法兰连接时，定额所列法兰、带帽螺栓及垫圈数量减半，其余不变。

6. 减压器

（1）清单工程量

1）计算公式

$$减压器工程量 = 图示数量 \quad (个)$$

2）计算规则及说明

① 减压器清单工程量按设计图示数量计算。

② 减压器规格按高压侧管道规格描述。表 2-10 为常见减压器的规格型号及主要参数。

减压器规格型号及主要参数 **表 2-10**

产品型号	使用介质	最大进口压力 P_1/MPa	最大出口压力 P_2/MPa	气体额定流量 $Q/(m^3/h)$	安装连接尺寸/mm	
					输入	输出
YQJ-11	氧气、氩气	≤15	0～1.6	100	G5/8、G3/4	G5/8、G3/4
YQJ-11A	氧气、氩气	≤15	0～1.6	100	G5/8、G3/4	G5/8、G3/4
YQJ-11D	氧气、氩气	≤15	0～1.6	300	G5/8	DN25
YQJ-12D	氧气、氩气	<2.5	0～1.6	150	DN25	DN25
MYQJ-12	氧气、氩气	≤2.5	0～0.16	100	G3/4	DN25
MYQJ-12	氧气、氩气	<2.5	0～0.16	100	G3/4	G3/4
MRQJ-12	乙炔、乙烯丙烷	≤3	0～0.15	50	G3/4-LH	G3/4-LH
YQJ-2	氧气、氩气	≤2.5	0.01～0.16	70	G5/8	G5/8
QQJ-11	氢气	≤15	0～1.6	100	G5/8、G3/4	G5/8、G3/4

续表

产品型号	使用介质	最大进口压力 P_1/MPa	最大出口压力 P_2/MPa	气体额定流量 $Q/(m^3/h)$	安装连接尺寸/mm	
					输入	输出
QQJ-30	氢气	≤15	0～0.16	80	G5/8、G3/4	G5/8、G3/4
DQJ-11	氮气	≤15	0～1.6	100	G5/8、G3/4	G5/8、G3/4
DQJ-30	氮气	≤15	0～0.16	80	G5/8、G3/4	G5/8、G3/4
YQT-11	二氧化碳	≤15	0～0.16	100	G5/8、G3/4	G5/8、G3/4
YQT-11A	二氧化碳	≤15	0～0.16	100	G5/8、G3/4	G5/8、G3/4
EQJ-2	乙炔、乙烯丙烷	≤3	0.01～0.12	70	G5/8	G5/8
EQJ-224	乙炔	<3	0～0.15	40	M27×1.5	M27×1.5
EQJ-224A	乙炔	≤3	0～0.15	40	M27×1.5	M27×1.5
BWJ-224	丙烷	<3	0～0.15	40	M27×1.5	M27×1.5
BWJ-224A	丙烷	≤3	0～0.15	40	M27×1.5	M27×1.5

③ 减压器项目包括组成与安装工作内容，项目特征应根据设计要求描述附件配置情况，或根据××图集或××施工图做法描述。

（2）定额工程量

1）计算公式

$$减压器工程量 = \frac{减压器总数}{计量单位} \quad （组）$$

2）计算规则及说明

① 减压器的组成与安装是按《采暖通风国家标准图集》N108编制的，若实际组成与此不同，阀门和压力表数量可按实际调整，其余不变。

② 减压器的组成与安装以“组”为计量单位。若设计组成与定额不同，阀门和压力表数量可按设计用量进行调整，其余不变。但单体安装的减压器应按阀门安装项目执行。

③ 减压器安装，按高压侧的直径计算。

7. 疏水器

（1）清单工程量

1）计算公式

$$疏水器工程量 = 图示数量 \quad （个）$$

2）计算规则及说明

① 疏水器清单工程量按设计图示数量计算。

② 疏水器项目包括组成与安装工作内容，项目特征应根据设计要求描述附件配置情况，或根据××图集或××施工图做法描述。

（2）定额工程量

1）计算公式

$$疏水器工程量 = \frac{疏水器总数}{计量单位} \quad （组）$$

2）计算规则及说明

① 疏水器的组成与安装是按《采暖通风国家标准图集》N108编制的，若实际组成与

此不同，阀门和压力表数量可按实际调整，其余不变。

② 疏水器的组成与安装以“组”为计量单位。若设计组成与定额不同，阀门和压力表数量可按设计用量进行调整，其余不变。但单体安装的疏水器应按阀门安装项目执行。

8. 除污器（过滤器）

（1）计算公式

$$除污器(过滤器)工程量 = 图示数量 \quad (组)$$

（2）计算规则及说明

1）除污器（过滤器）安装于用户入口供水总管上，以及热源（冷源）、用热（冷）设备、水泵、调节阀入口处。

2）除污器（过滤器）清单工程量按设计图示数量计算。

9. 补偿器

（1）清单工程量

1）计算公式

$$补偿器工程量 = 图示数量 \quad (个)$$

2）计算规则及说明

补偿器清单工程量按设计图示数量计算。

在计算补偿器清单工程量时，应注意以下两点：

① 方形补偿器制作安装应含在管道安装综合单价中。

② 方形补偿器以其所占长度列入管道安装工程量。

（2）定额工程量

1）计算公式

$$补偿器工程量 = \frac{补偿器个数}{计量单位} \quad (个)$$

2）计算规则及说明

① 套筒式以及除去以直管弯制的伸缩器以外的各种形式的补偿器，在计算时，均不扣除所占管道的长度。

② 方形补偿器安装在套用定额时，应分为管道和管件两部分计算，伸缩臂应计入管道安装工程量，弯头则计入管件安装工程量。

③ 各种补偿器制作安装，均以“个”为计量单位。方形补偿器的两臂，按臂长的两倍合并在管道长度内计算。

10. 软接头（软管）

（1）计算公式

$$软接头(软管)工程量 = 图示数量 \quad (个)$$

或

$$软接头(软管)工程量 = 图示数量 \quad (组)$$

（2）计算规则及说明

软接头是连接两个产品或设备之前用。

软接头（软管）清单工程量按设计图示数量计算。

11. 法兰

(1) 清单工程量

1) 计算公式

$$法兰工程量 = 图示数量 \quad (副)$$

或

$$法兰工程量 = 图示数量 \quad (片)$$

2) 计算规则及说明

法兰清单工程量按设计图示数量计算。

(2) 定额工程量

1) 计算公式

$$法兰工程量 = \frac{法兰副数}{计量单位} \quad (副)$$

2) 计算规则及说明

① 法兰可安装或浇铸在管端上，两法兰间用螺栓连接。法兰一般包括固定法兰、接合法兰、带帽法兰、对接法兰、栓接法兰、突面法兰等类型。

② 各种法兰连接用垫片，均按石棉橡胶板计算，如用其他材料，不得调整。

12. 倒流防止器

(1) 计算公式

$$倒流防止器工程量 = 图示数量 \quad (套)$$

(2) 计算规则及说明

1) 倒流防止器清单工程量按设计图示数量计算。

2) 倒流防止器项目包括组成与安装工作内容，项目特征应根据设计要求描述附件配置情况，或根据××图集或××施工图做法描述。

3) 目前倒流防止器主要分为低阻力倒流防止器和减压型倒流防止器两类，按照国家标准低阻力倒流防止器的水头损失小于 3m，减压型倒流防止器的水头损失小于 7m。

13. 水表

(1) 清单工程量

1) 计算公式

$$水表工程量 = 图示数量 \quad (组)$$

或

$$水表工程量 = 图示数量 \quad (个)$$

2) 计算规则及说明

水表清单工程量按设计图示数量计算。

(2) 定额工程量

1) 计算公式

$$水表工程量 = \frac{水表组数}{计量单位} \quad (组)$$

2) 计算规则及说明

① 法兰水表安装是按《全国通用给水排水标准图集》S145 编制的，定额内包括旁通

管及止回阀。若实际安装形式与此不同，阀门及止回阀可按实际调整，其余不变。

② 法兰水表安装以“组”为计量单位，定额中旁通管及止回阀若与设计规定的安装形式不同，阀门及止回阀可按设计规定进行调整，其余不变。

③ 螺纹水表安装以“组”为计量单位。

14. 热量表

（1）计算公式

$$热量表工程量 = 图示数量 \quad （块）$$

（2）计算规则及说明

热量表是计算热量的仪表，其清单工程量按设计图示数量计算。

15. 塑料排水管消声器

（1）计算公式

$$塑料排水管消声器工程量 = 图示数量 \quad （个）$$

（2）计算规则及说明

1）塑料排水管消声器指设置在塑料排水管道上用于减轻或消除噪声的小型设备。

2）塑料排水管消声器清单工程量按设计图示数量计算。

16. 浮标液面计

（1）清单工程量

1）计算公式

$$浮标液面计工程量 = 图示数量 \quad （组）$$

2）计算规则及说明

① 浮标液面计又称液位计，是用以测量容器内液面变化情况的一种计量仪表。

② 浮标液面计清单工程量按设计图示数量计算。

（2）定额工程量

1）计算公式

$$浮标液面计工程量 = \frac{浮标液面计总数}{计量单位} \quad （组）$$

2）计算规则及说明

① 浮标液面计 FQ—Ⅱ型安装按《采暖通风国家标准图集》N102-3 编制的。

② 浮标液面计是按“标准图集”编制的，若设计与“标准图集”不符，可调整。

③ 浮标液面计以“组”为计量单位。

17. 浮漂水位标尺

（1）清单工程量

1）计算公式

$$浮漂水位标尺工程量 = 图示数量 \quad （套）$$

2）计算规则及说明

① 浮漂水位标尺适用于一般工业与民用建筑中的各种水塔、蓄水池指示水位之用。

② 浮漂水位标尺清单工程量按设计图示数量计算。

(2) 定额工程量

1) 计算公式

$$浮漂水位标尺工程量 = \frac{浮漂水位标尺总数}{计量单位} \quad (套)$$

2) 计算规则及说明

① 水塔、水池浮漂水位标尺制作安装是按《全国通用给水排水标准图集》S318 编制的。

② 浮漂水位标尺是按国标编制的，若设计与国标不符，可调整。

③ 水塔、水池浮漂水位标尺以“套”为计量单位。

2.1.4 采暖、给水排水设备

1. 变频给水设备

(1) 计算公式

变频给水设备工程量 = 图示数量 (套)

(2) 计算规则及说明

1) 变频给水设备安装说明：

① 压力容器包括气压罐、稳压罐、无负压罐；

② 水泵包括主泵及备用泵，应注明数量；

③ 附件包括给水装置中配备的阀门、仪表、软接头，应注明数量，含设备、附件之间管路连接；

④ 泵组底座安装，不包括基础砌（浇）筑，应按现行国家标准《房屋建筑与装饰工程工程量计算规范》GB 50854—2013 相关项目编码列项；

⑤ 控制柜安装及电气接线、调试应按《通用安装工程工程量计算规范》GB 50856—2013 附录 D 电气设备安装工程相关项目编码列项。

2) 变频给水设备清单工程量按设计图示数量计算。

2. 稳压给水设备

(1) 计算公式

稳压给水设备工程量 = 图示数量 (套)

(2) 计算规则及说明

1) 稳压给水设备安装说明：

① 压力容器包括气压罐、稳压罐、无负压罐；

② 水泵包括主泵及备用泵，应注明数量；

③ 附件包括给水装置中配备的阀门、仪表、软接头，应注明数量，含设备、附件之间管路连接；

④ 泵组底座安装，不包括基础砌（浇）筑，应按现行国家标准《房屋建筑与装饰工程工程量计算规范》GB 50854—2013 相关项目编码列项；

⑤ 控制柜安装及电气接线、调试应按《通用安装工程工程量计算规范》GB 50856—2013 附录 D 电气设备安装工程相关项目编码列项。

2) 稳压给水设备清单工程量按设计图示数量计算。

3. 无负压给水设备

（1）计算公式

$$无负压给水设备工程量 = 图示数量 \quad （套）$$

（2）计算规则及说明

1）无负压给水设备安装说明：

① 压力容器包括气压罐、稳压罐、无负压罐；

② 水泵包括主泵及备用泵，应注明数量；

③ 附件包括给水装置中配备的阀门、仪表、软接头，应注明数量，含设备、附件之间管路连接；

④ 泵组底座安装，不包括基础砌（浇）筑，应按现行国家标准《房屋建筑与装饰工程工程量计算规范》GB 50854—2013 相关项目编码列项；

⑤ 控制柜安装及电气接线、调试应按《通用安装工程工程量计算规范》GB 50856—2013 附录 D 电气设备安装工程相关项目编码列项。

2）无负压给水设备清单工程量按设计图示数量计算。

4. 气压罐

（1）计算公式

$$气压罐工程量 = 图示数量 \quad （台）$$

（2）计算规则及说明

气压罐是根据在一定温度下气体压力 P 与容积 V 乘积等于常数的原理，利用水压缩性极小的性质，用外力将水储存在罐内，气体受到压缩压力升高，当外力消失，压缩气体膨胀可将水排出。

气压罐清单工程量按设计图示数量计算。

5. 太阳能集热装置

（1）计算公式

$$太阳能集热装置工程量 = 图示数量 \quad （套）$$

（2）计算规则及说明

太阳能集热装置清单工程量按设计图示数量计算。

6. 地源（水源、气源）热泵机组

（1）计算公式

$$地源（水源、气源）热泵机组工程量 = 图示数量 \quad （组）$$

（2）计算规则及说明

1）地源（水源、气源）热泵机组清单工程量按设计图示数量计算。

2）地源热泵机组，接管以及接管上的阀门、软接头、减震装置和基础另行计算，应按相关项目编码列项。

7. 除砂器

（1）计算公式

$$除砂器工程量 = 图示数量 \quad （台）$$

(2) 计算规则及说明

1) 除砂器是从气、水或废水水流中分离出杂粒的装置。

2) 通用的除砂装置包括两种形式，即平流式沉砂池和曝气沉砂池。

3) 除砂器清单工程量按设计图示数量计算。

8. 水处理器

(1) 计算公式

$$\text{水处理器工程量} = \text{图示数量} \quad (\text{台})$$

(2) 计算规则及说明

水处理器清单工程量按设计图示数量计算。

9. 超声波灭藻设备

(1) 计算公式

$$\text{超声波灭藻设备工程量} = \text{图示数量} \quad (\text{台})$$

(2) 计算规则及说明

超声波灭藻设备清单工程量按设计图示数量计算。

10. 水质净化器

(1) 计算公式

$$\text{水质净化器工程量} = \text{图示数量} \quad (\text{台})$$

(2) 计算规则及说明

水质净化器清单工程量按设计图示数量计算。

11. 紫外线杀菌设备

(1) 计算公式

$$\text{紫外线杀菌设备工程量} = \text{图示数量} \quad (\text{台})$$

(2) 计算规则及说明

紫外线杀菌设备清单工程量按设计图示数量计算。

12. 热水器、开水炉

(1) 清单工程量

1) 计算公式

$$\text{热水器、开水炉工程量} = \text{图示数量} \quad (\text{台})$$

2) 计算规则及说明

热水器、开水炉清单工程量按设计图示数量计算。

(2) 定额工程量

1) 计算公式

$$\text{热水器、开水炉工程量} = \frac{\text{热水器、开水炉个数}}{\text{计量单位}} \quad (\text{台})$$

2) 计算规则及说明

① 热水器、开水炉安装定额内只考虑了本体安装，连接管、连接件等可按相应项目另行计算。

② 热水器、开水炉安装，以“台”为计量单位，只考虑本体安装，连接管、连接件等工程量可按相应定额另行计算。

13. 消毒器、消毒锅

(1) 清单工程量

1) 计算公式

$$\text{消毒器、消毒锅工程量} = \text{图示数量} \quad (\text{台})$$

2) 计算规则及说明

消毒器、消毒锅清单工程量按设计图示数量计算。

(2) 定额工程量

1) 计算公式

$$\text{消毒器、消毒锅工程量} = \frac{\text{消毒器、消毒锅总数}}{\text{计量单位}} \quad (\text{台})$$

2) 计算规则及说明

消毒器、消毒锅，以“台”为计量单位。

14. 直饮水设备

(1) 计算公式

$$\text{直饮水设备工程量} = \text{图示数量} \quad (\text{套})$$

(2) 计算规则及说明

直饮水设备清单工程量按设计图示数量计算。

15. 水箱

(1) 清单工程量

1) 计算公式

$$\text{水箱工程量} = \text{图示数量} \quad (\text{台})$$

2) 计算规则及说明

水箱清单工程量按设计图示数量计算。

(2) 定额工程量

1) 计算公式

$$\text{水箱制作工程量} = \frac{\text{水箱本身质量} + \text{人孔和手孔质量}}{100} \quad (100\text{kg})$$

$$\text{水箱安装工程量} = \frac{\text{水箱质量}}{\text{计量单位}} \quad (\text{个})$$

2) 计算规则及说明

① 矩形钢板水箱制作和圆形钢板水箱制作均按施工图所示尺寸，不扣除人孔、手孔质量，以“100kg”为计量单位。法兰和短管水位计可按相应定额另行计算。

② 大、小便槽冲洗水箱制作，以“100kg”为计量单位。

③ 水箱制作，包括水箱本身及人孔的质量。水位计、内外人梯均未包括在定额内，发生时，可另行计算。

④ 钢板水箱安装，按国家标准图集水箱容量“m^3”，执行相应定额。各种水箱安装，均以“个”为计量单位。

⑤ 各种水箱连接管，均未包括在定额内，可执行室内管道安装的相应项目。

⑥ 各类水箱均未包括支架制作安装，若为型钢支架，执行本定额“一般管道支架”

项目；混凝土或砖支座可按土建相应项目执行。

⑦ 矩形钢板水箱安装和圆形钢板水箱安装，以“个”为计量单位。

2.2 给水排水、采暖、燃气管道安装工程量手算实例解析

【例 2-1】 如图 2-1 所示，某室外供热管道中有 *DN*75 镀锌钢管一段，其起止总长度为 106m，管道中设置方形伸缩器一个，臂长 900mm，该管道刷沥青漆两遍，膨胀蛭石保温，保温层厚度为 55mm，试计算该段管道安装的清单工程量。

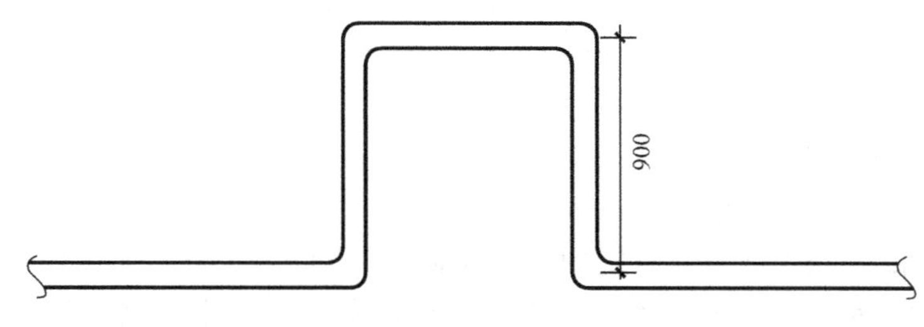

图 2-1 方形伸缩器示意图

【解】

镀锌钢管工程量按设计图示管道中心线以长度计算。

供热管道的长度为 106m，伸缩器两壁的增加长度 $L=0.9+0.9=1.8$m，所以：

$$该室外供热管道安装的工程量 = 106 + 1.8 = 107.8\text{m}$$

清单工程量计算见表 2-11。

清单工程量计算表 **表 2-11**

项目编码	项目名称	项目特征描述	计量单位	工程量
031001001001	镀锌钢管	焊接，室外供热管道	m	107.8

【例 2-2】 某室外给水系统中埋地管道的局部长度为 8.5m，如图 2-2 所示，其中该管道外圆周长为 0.19m，涂刷两遍银粉漆，试计算埋地管道的清单工程量和定额工程量。

【解】

1. 清单工程量

丝接镀锌钢管 *DN*50 长度为 8.5m，所以镀锌钢管工程量为 8.5m。

清单工程量计算表见表 2-12。

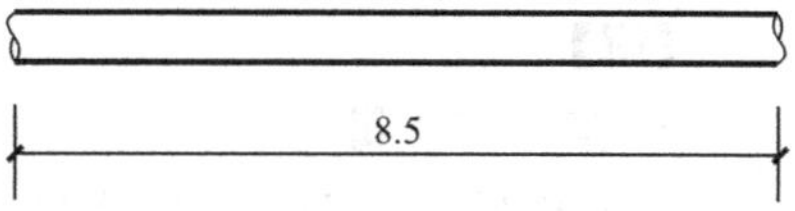

*DN*50

8.5

图 2-2 埋地管道示意图（单位：m）

清单工程量计算表 **表 2-12**

序 号	项目编码	项目名称	项目特征描述	计量单位	工程量
1	031001001001	镀锌钢管	*DN*50 镀锌钢管，丝接	m	8.5

2. 定额工程量

(1) 丝接镀锌钢管 *DN*50

$$丝接镀锌钢管\ DN50\ 工程量 = 0.85(10\text{m})$$

（2）管道刷第一遍沥青

管道刷第一遍沥青工程量 = (0.19 × 8.5)/10 = 0.1615($10m^2$)

（3）管道刷第二遍沥青

管道刷第二遍沥青工程量 = (0.19 × 8.5)/10 = 0.1615($10m^2$)

定额工程量计算见表 2-13。

定额工程量计算表 **表 2-13**

项目名称	定额编号	计量单位	工程量
丝接镀锌钢管 *DN*50	8-6	10m	0.85
管道刷第一遍沥青	11-66	$10m^2$	0.1615
管道刷第二遍沥青	11-67	$10m^2$	0.1615

3. 套用定额

（1）丝接镀锌钢管 *DN*50

计量单位：10m　　工程量：0.85

套用《全国统一安装工程预算定额（第八册）》GYD—208—2000：8-6

基价：33.83 元；其中人工费 19.04 元，材料费（不含主材费）13.36 元，机械费 1.43 元

（2）管道刷第一遍沥青

计量单位：$10m^2$　　工程量：(0.19×8.5)/10=0.1615

套用《全国统一安装工程预算定额（第十一册）》GYD—211—2000：11-66

基价：8.04 元；其中人工费 6.50 元，材料费（不含主材费）1.54 元

（3）管道刷第二遍沥青

计量单位：$10m^2$　　工程量：(0.19×8.5)/10=0.1615

套用《全国统一安装工程预算定额（第十一册）》GYD—211—2000：11-67

基价：7.64 元；其中人工费 6.27 元，材料费（不含主材费）1.37 元

【例 2-3】 某厨房给水系统局部管道如图 2-3 所示，其采用镀锌钢管，螺纹连接，试计算镀锌钢管的工程量。

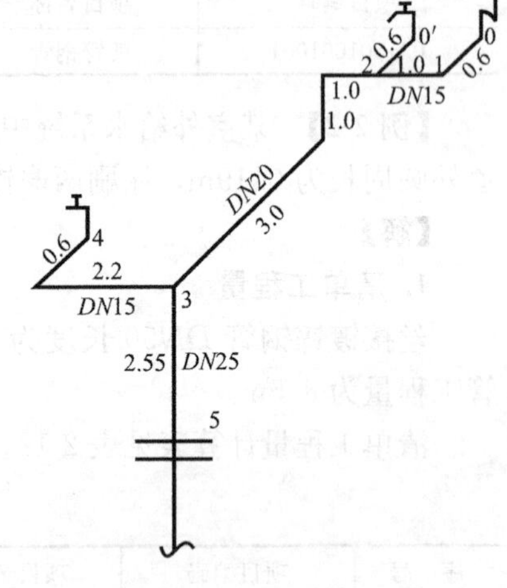

图 2-3　某厨房给水系统示意图

【解】

1. 清单工程量

（1）镀锌钢管 *DN*25 工程量

镀锌钢管 *DN*25 工程量 = 2.55m(节点 3 到节点 5)

（2）镀锌钢管 *DN*20 工程量

镀锌钢管 *DN*20 工程量

=3.0+1.0+1.0(节点 3 到节点 2) = 5m

（3）镀锌钢管 *DN*15 工程量

镀锌钢管 *DN*15 工程量 =2.2+0.6(节点 3 到节点 4)+0.6+1.0

+0.6(节点 2 到节点 0′,节点 2 到 1 再到节点 0) = 5m

清单工程量计算见表 2-14。

清单工程量计算表　　　　表 2-14

序　号	项目编码	项目名称	项目特征描述	计量单位	工程量
1	031001001001	镀锌钢管	*DN*25 镀锌钢管，螺纹连接	m	2.55
2	031001001002	镀锌钢管	*DN*20 镀锌钢管，螺纹连接	m	5
3	031001001003	镀锌钢管	*DN*15 镀锌钢管，螺纹连接	m	5

2. 定额工程量

定额工程量计算见表 2-15。

定额工程量计算表　　　　表 2-15

项目名称	定额编号	计量单位	工程量
螺纹连接镀锌钢管 *DN*25	8-89	10m	0.255
螺纹连接镀锌钢管 *DN*20	8-88	10m	0.5
螺纹连接镀锌钢管 *DN*15	8-87	10m	0.5

【例 2-4】 某室内给水管道采用镀锌钢管，如图 2-4 所示，规格为 *DN*50 和 *DN*25，连接方式为锌镀钢管丝接，刷防锈漆一道，银粉两道，试计算其清单工程量和定额工量。

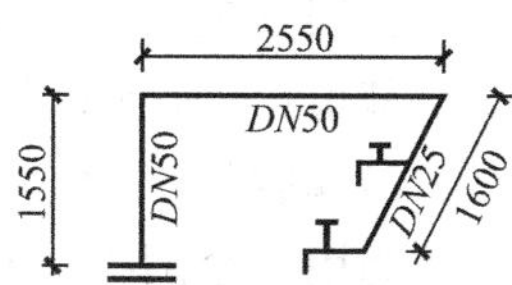

图 2-4　镀锌钢管支管

【解】

1. 清单工程量

(1) 镀锌钢管 *DN*50 工程量

镀锌钢管 *DN*50 工程量＝1.55m(给水立管楼层以上部分)＋2.55m(横支管长度)

＝4.1m

(2) 镀锌钢管 *DN*25 工程量

镀锌钢管 *DN*25 工程量 ＝ 1.6m(接水龙头的支管长度)

(3) 刷防锈漆一道，银粉两道，其工程量：

$$刷漆工程量 = 3.14 \times (4.1 \times 0.060 + 1.6 \times 0.034) = 0.94\text{m}^2$$

注：镀锌钢管 *DN*50 的外径为 0.060，镀锌钢管 *DN*25 的外径为 0.034。

(4) 水龙头工程量

水龙头工程量 ＝ 2 个

清单工程量计算见表 2-16。

清单工程量计算表　　　　表 2-16

项目编码	项目名称	项目特征描述	单　位	数　量
031001001001	镀锌钢管	室内给水 *DN*50	m	4.1
031001001002	镀锌钢管	室内给水 *DN*25	m	1.6
031004014001	水龙头	*DN*25	个	2

2. 定额工程量

(1) 镀锌钢管 *DN*25

计量单位：10m　　工程量：0.16

套用《全国统一安装工程预算定额（第八册）》GYD—208—2000：8-89

基价：83.51 元；其中人工费 51.08 元，材料费 31.04 元，机械费 1.03 元

(2) 镀锌钢管 $DN50$

计量单位：10m　　工程量：0.41

套用《全国统一安装工程预算定额（第八册）》GYD—208—2000：8-92

基价：111.93 元；其中人工费 62.23 元，材料费 46.84 元，机械费：2.86 元

(3) 水龙头

计量单位：10 个　　工程量：0.2

套用《全国统一安装工程预算定额（第八册）》GYD—208—2000：8-440

基价：9.57 元；其中人工费 8.59 元，材料费 0.98 元

(4) 刷漆

计量单位：$10m^2$　　工程量：0.094

1) 刷防锈漆一道

套用《全国统一安装工程预算定额（第十一册）》GYD—211—2000：11-53

基价：7.4 元；其中人工费 6.27 元，材料费 1.13 元

2) 刷银粉一道

套用《全国统一安装工程预算定额（第十一册）》GYD—211—2000：11-56

基价：11.31 元；其中人工费 6.50 元，材料费 4.81 元

3) 刷银粉二道

套用《全国统一安装工程预算定额（第十一册）》GYD—211—2000：11-57

基价：10.64 元；其中人工费 6.27 元，材料费 4.37 元

【例 2-5】 某住宅煤气系统如图 2-5 所示，其平面图如图 2-6 所示，系统管道均采用镀锌钢管，螺纹连接。试计算煤气入户支管的工程量。

【解】

根据平面图和系统图，煤气入一层用户支管管长为：

管长

=3.3(房间宽度)+3.9(房间长度)
+0.24(一墙厚)+0.1(立管距内墙面距离)
−0.05(转弯后煤气管道距⑤轴线墙面的距离)
−0.1(煤气管道距Ⓐ轴线墙面的距离)
−1.5(接入灶具处距Ⓑ轴线的距离)
+(2.8−1.0)(标高差)+(2.8−2.0)(标高差)+(2.0−1.8)×2(进出燃气表立管长度)
−0.15(进出燃气表立管间距)
=8.74m

则：整个系统用户支线的长度为 8.74×

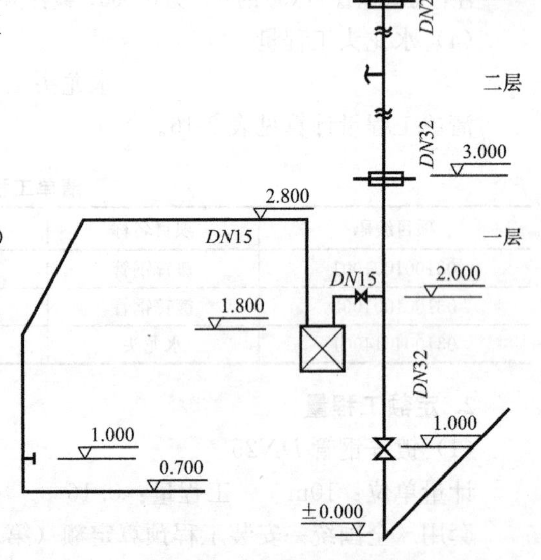

图 2-5　煤气系统图

5m=43.7m

1. 清单工程量

镀锌钢管 $DN15$ 项目编码：031001001，计量单位为“m”，则：

清单工程量 = 43.7m

2. 定额工程量

室内镀锌钢管 $DN15$ 螺纹连接，计量单位：10m，则：

$$定额工程量=\frac{镀锌钢管中心线长度}{10}$$

$$=43.7/10=4.37(10m)$$

用《全国统一安装工程预算定额（第八册）》GYD—208—2000：8-589

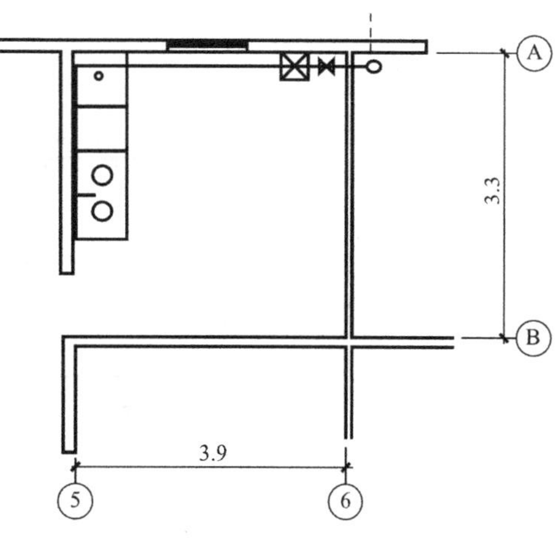

图 2-6 煤气管平面图（m）

基价：67.94 元；其中人工费 42.89 元，材料费 20.63 元，机械费 4.42 元。

【例 2-6】 某卫生间给水排水平面图如图 2-7 所示，给水系统图如图 2-8 所示，排水系统图如图 2-9 所示，其中室内给水管采用热浸镀锌钢管，连接方式为螺纹连接明装，管道外刷面漆二道，排水管材采用承插铸铁管，试计算其清单工程量。

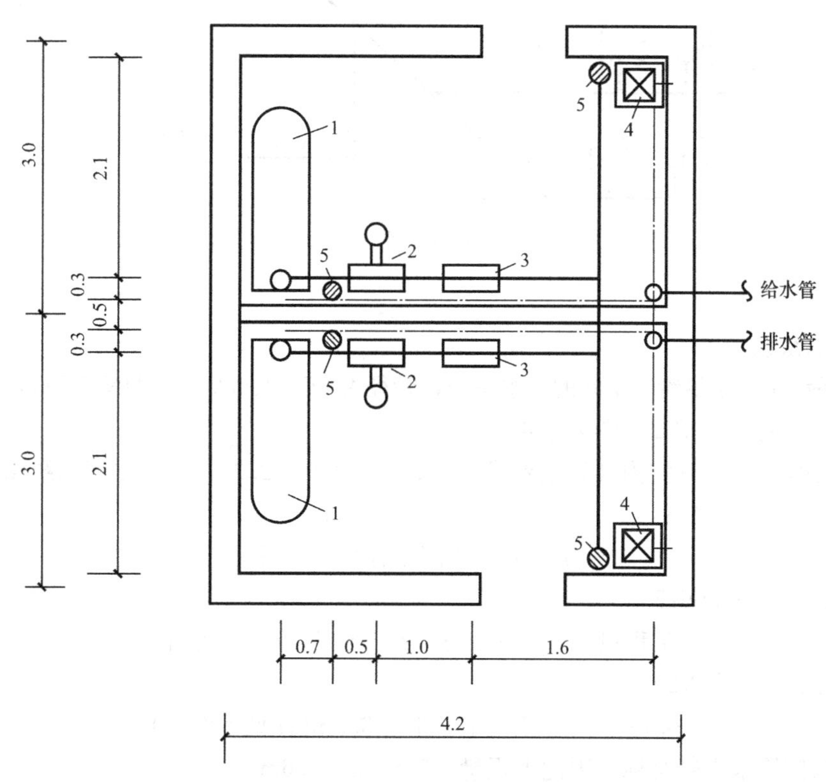

图 2-7 某卫生间给水排水平面图（单位：m）

1—搪瓷浴盆；2—低水箱坐式大便器；3—洗脸盆；4—污水池；5—地漏

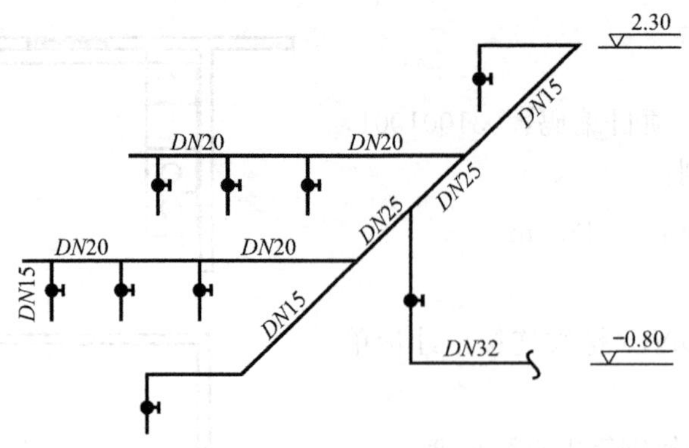

图 2-8　某卫生间给水系统图（单位：m）

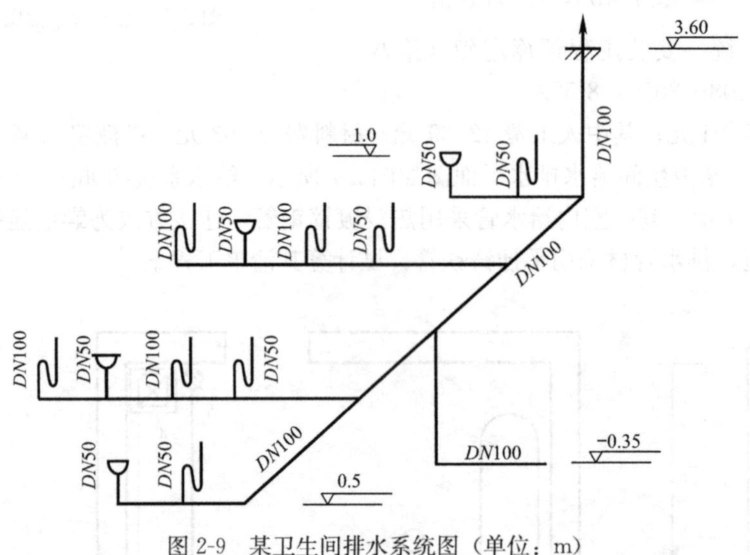

图 2-9　某卫生间排水系统图（单位：m）

【解】

1. 给水系统

给水系统是一条供给卫生间的给水系统，管径由 DN32、DN25、DN20 和 DN15 组成。

（1）镀锌钢管 DN32（螺纹连接）

工程量＝1.5(室内外管道界线)＋0.3＋(0.8＋2.30)(参考立管系统图)
＝4.9m

立管上截止阀工程量＝1 个

（2）镀锌钢管 DN25

工程量＝0.5＋0.3＋0.3＝1.1m(平面图)

（3）镀锌钢管 DN20

0.7＋0.5＋1.0＋1.6＝3.8m(详见平面图)

南北两侧给水支管对称，因此工程量＝3.8×2＝7.6m

（4）镀锌钢管 DN15

工程量＝2.1×2(平面图)＋0.5(污水池中心至地漏中心的距离)

×2(两侧对称)+0.5(装阀门的支管的长度)×8

=9.2m

(5) 管件工程量

DN32 截止阀工程量 = 1 个

DN15 截止阀工程量 = 8 个

DN15 水龙头工程量 = 4 个

(6) 给水设备工程量

搪瓷浴缸工程量 = 2 组

2. 排水系统

(1) 承插铸铁管 DN100

1) 水平部分

工程量 =1.5(室内外分界点)+0.3+2.1×2+0.3×2+0.5+0.5

×2(详见平面图)+(1.6+1.0+0.7+0.5)×2(详见平面图)

=15.7m

2) 立管部分

工程量= 0.5+0.35(详见排水系统图)+0.5×4(排水支管高)+3.6−0.5

= 5.95m

DN100 承插铸铁管的总长度 = (15.7+5.95) = 21.65m

(2) 承插铸铁管 DN50

1) 水平部分

长度 = 0.5×2 = 1m

2) 立管部分

长度 = 0.5×8 = 4m

总长度 = 1+4 = 5m

(3) 排水设备工程量

低水箱坐式大便器工程量 = 2 组

洗手盆工程量 = 2 组

地漏工程量 = 4 个

清单工程量计算见表 2-17。

清单工程量计算表 **表 2-17**

序号	项目编码	项目名称	项目特征描述	计量单位	工程量
1	031001001001	镀锌钢管	室内给水工程，螺纹连接，镀锌钢管 DN32	m	4.9
2	031001001002	镀锌钢管	室内给水工程，螺纹连接，镀锌钢管 DN25	m	1.1
3	031001001003	镀锌钢管	室内给水工程，螺纹连接，镀锌钢管 DN20	m	7.6
4	031001001004	镀锌钢管	室内给水工程，螺纹连接，镀锌钢管 DN15	m	9.2
5	031001005001	承插铸铁管	室内给水工程，石棉水泥接口，承插铸铁管 DN100	m	21.65
6	031001005002	承插铸铁管	室内给水工程，石棉水泥接口，承插铸铁管 DN50	m	5
7	031003001001	螺纹阀门	截止阀 DN32	个	1
8	031003001002	螺纹阀门	截止阀 DN15	个	8

续表

序号	项目编码	项目名称	项目特征描述	计量单位	工程量
9	031004014001	水龙头	水龙头 *DN*15	个	4
10	031004014002	地漏	地漏 *DN*50	个	4
11	031004001001	浴缸	搪瓷、冷热水	组	2
12	031004006001	大便器	坐式、低水箱，手压冲洗	组	2
13	031004003001	洗脸盆	搪瓷、冷热水	组	2

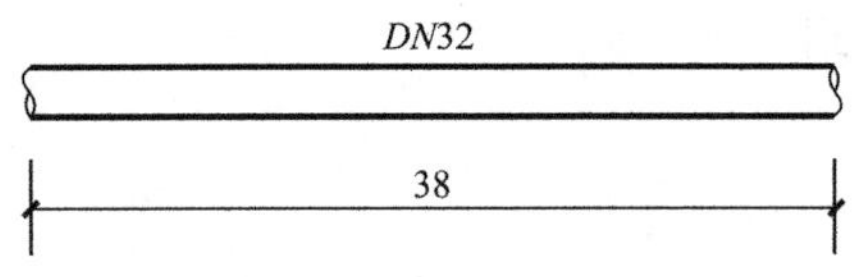

图 2-10　钢管示意图（单位：m）

【例 2-7】 某室外钢管局部图如图 2-10 所示，钢管长为 38m，钢管外圆周长为 0.13m，试计算其清单工程量和定额工程量。

【解】

1. 清单工程量

室外焊接钢管 *DN*32 清单工程量为：38m

清单工程量计算见表 2-18。

清单工程量计算表　　**表 2-18**

项目编码	项目名称	项目特征描述	单　位	数　量
031001002001	钢管	室外焊接钢管 *DN*32	m	38

2. 定额工程量

定额工程量计算见表 2-19。

定额工程量计算表　　**表 2-19**

项目名称	定额编号	计量单位	工程量
焊接钢管 *DN*32	8-23	10m	3.8
焊接钢管除轻锈	11-1	$10m^2$	0.494
刷一遍红丹防锈漆	11-51	$10m^2$	0.494
刷银粉漆第一遍	11-56	$10m^2$	0.494
刷银粉漆第二遍	11-57	$10m^2$	0.494

3. 套用定额

（1）焊接钢管 *DN*32

计量单位：10m

$$工程量 = 3.8$$

套用《全国统一安装工程预算定额（第八册）》GYD—208—2000：8-23

基价：21.80 元；其中人工费 16.49 元，材料费 3.32 元，机械费 1.99 元

（2）焊接钢管除轻锈

计量单位：$10m^2$

$$工程量 = (38 \times 0.13)/10 = 0.494$$

套用《全国统一安装工程预算定额（第十一册）》GYD—211—2000：11-1

基价：11.27 元；其中人工费 7.89 元，材料费 3.38 元

（3）刷一遍红丹防锈漆

计量单位：$10m^2$

$$工程量 = (38 \times 0.13)/10 = 0.494$$

套用《全国统一安装工程预算定额（第十一册）》GYD—211—2000：11-51

基价：7.34 元；其中人工费 6.27 元，材料费 1.07 元

（4）刷银粉漆第一遍

计量单位：$10m^2$

$$工程量 = (38 \times 0.13)/10 = 0.494$$

套用《全国统一安装工程预算定额（第十一册）》GYD—211—2000：11-56

基价：11.31 元；其中人工费 6.50 元，材料费 4.81 元

（5）刷银粉漆第二遍

计量单位：$10m^2$

$$工程量 = (38 \times 0.13)/10 = 0.494$$

套用《全国统一安装工程预算定额（第十一册）》GYD—211—2000：11-57

基价：10.64 元；其中人工费 6.27 元，材料费 4.37 元

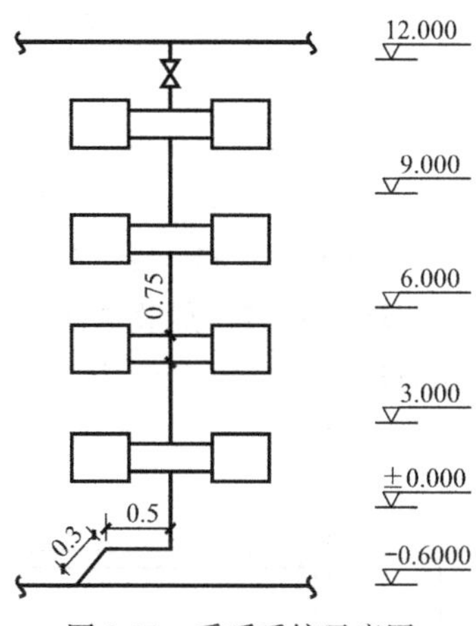

图 2-11　采暖系统示意图

【例 2-8】 某住宅楼采暖系统某方管安装形式如图 2-11 所示，试计算其工程量（方管采用的是 *DN*25 焊接钢管，单管顺流式连接）。

【解】

钢管清单工程量按设计图示管道中心线以长度计算，不扣除阀门、管件（包括减压器、疏水器、水表、伸缩器等组成安装）及附属构筑物所占长度。

*DN*25 焊接钢管工程量 =[12.0 −(−0.600)](标高差) + 0.3(竖直埋管长度) + 0.5(水平埋管长度) − 0.75(散热器进出水管中心距) × 4(层数) =10.4m

清单工程量计算见表 2-20。

清单工程量计算表　　**表 2-20**

项目编号	项目名称	项目特征描述	计量单位	工程量
031001002001	钢管	*DN*25 焊接方钢管，单管顺流式连接，室内	m	10.4

图 2-12　立管示意图

【例 2-9】 某住宅采暖系统立管安装如图 2-12 所示，立管为 *DN*20 焊接钢管，单管顺流式安装连接。试计算立管的工程量。

【解】

1. 清单工程量

*DN*20 焊接钢管工程量

=[12.6 −(−1.100)](标高差)

+0.2(立管中心与供水干管引入该立管处垂直距离)

+0.2(立管中心与回水干管的垂直距离)

−0.5(散热器进出水中心距) × 5(层数)

=11.6m

清单工程量计算见表 2-21。

清单工程量计算表 表 2-21

项目编码	项目名称	项目特征描述	单 位	工程量
031001002001	钢管	采暖立管 *DN*20	m	11.6

2. 定额工程量

项目：室内焊接钢管安装（螺纹连接）

计量单位：10m

工程量：11.6/10=1.16

套用《全国统一安装工程预算定额（第八册）》GYD—208—2000：8-99

基价：63.11 元；其中人工费 42.49 元，材料费：20.62 元

【例 2-10】 某散热器沿窗布置平面图如图 2-13 所示，若单片散热器宽度为 50mm，5 层总散热器片数为 60 片，散热器进出水口中心距外墙内墙面的距离为 120mm，立管距墙面的距离为 100mm，试计算支管工程量。

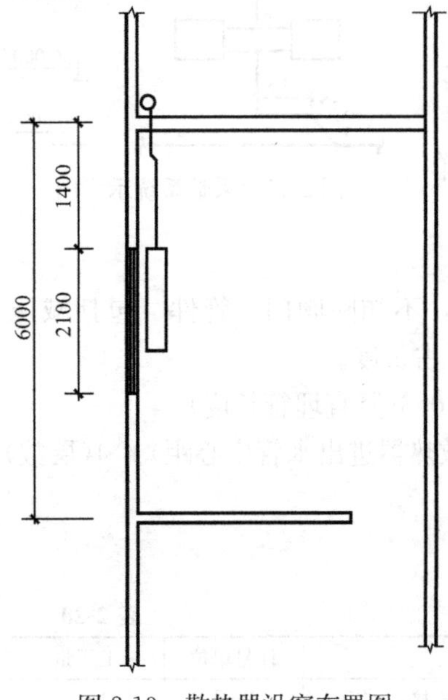

图 2-13 散热器沿窗布置图

【解】

1. 支管长度计算

*DN*20 焊接钢管工程量

$$=\left[\frac{6.0}{2}(\text{房间跨度的一半}) + 0.12(\text{半墙厚}) + 0.1(\text{立管距墙面的距离})\right] \times 5(5\text{层}) - \frac{1}{2} \times 0.05(\text{单片散热器宽度}) \times 60(5\text{层总散热器片数}) \times 2(\text{供水与回水两根,每层均有}) + [0.12(\text{散热器进出水口中心距外墙内墙面的距离}) - 0.1(\text{立管距外墙内墙面的距离})] \times 2(\text{进出水两根}) \times 5(5\text{层}) = 28.8\text{m}$$

2. 清单工程量

钢管 *DN*20 工程量 = 28.8m

3. 定额工程量

项目名称：室内焊接钢管安装（螺纹连接）

计量单位：10m

工程量：28.8/10=2.88

套用《全国统一安装工程预算定额（第八册）》GYD—208—2000：8-99

基价：63.11 元；其中人工费 42.49 元，材料费 20.62 元。

【例 2-11】 某住宅采暖系统热力入口如图 2-14 所示，室外热力管井至外墙面的距离为 2.5m，供回水管采用 *DN*125 的焊接钢管，立管距外墙内墙面的距离为 0.1m，外墙壁厚为 0.37m，试计算该热力入口的供、回水管的清单工程量。

【解】

1. 清单工程量

(1) 室外管道

采暖热源管道以入口阀门或建筑物外墙皮 1.5m 为界，这里以热力入口阀门为界。

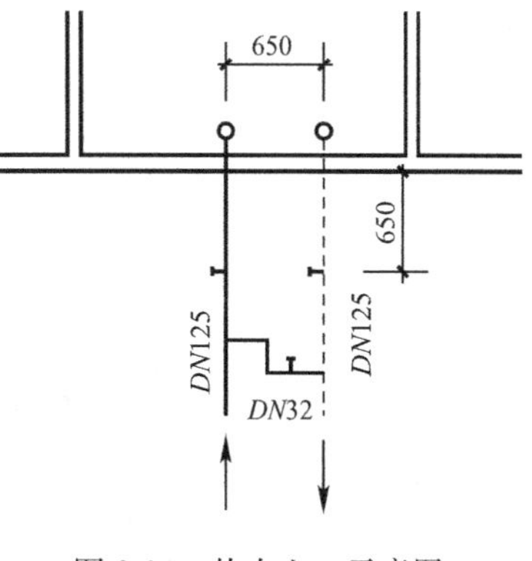

图 2-14 热力入口示意图

*DN*125 钢管(焊接) 工程量 =[2.5(接入口与外墙面距离) −0.65(阀门与外墙面距离)] ×2(供、回水管) =3.7m

(2) 室内管道

*DN*125 钢管(焊接) 工程量 =[0.65(阀门与外墙面距离)+0.37(外墙壁厚) +0.1(立管距外墙内墙面的距离)]×2(供回水两根管) =2.24m

清单工程量计算表见表 2-22。

清单工程量计算表 **表 2-22**

项目编码	项目名称	项目特征描述	单　位	工程量
031001002001	钢管	室外管道 *DN*125	m	3.7
031001002002	钢管	室内管道 *DN*125	m	2.24

2. 定额工程量

(1) 室外管道

项目：*DN*125 钢管 (焊接)

计量单位：10m

工程量=3.7/10=0.37

套用《全国统一安装工程预算定额（第八册）》GYD—208—2000：8-29

基价：91.59 元；其中人工费 34.13 元，材料费 46.72 元，机械费 10.74 元

(2) 室内管道

项目：*DN*125 钢管 (焊接)

计量单位：10m

工程量=2.24/10=0.224

套用《全国统一安装工程预算定额（第八册）》GYD—208—2000：8-115

基价：223.60 元；其中人工费 80.81 元，材料费 100.32 元，机械费 42.47 元

【例 2-12】 某厨房给水系统图如图 2-15 所示，给水管道采用焊接钢管，供水方式为上式，试计算其清单工程量，并编制分部分项工程和单价措施项目清单与计价表。

【解】

1. 计算工程量

(1) 焊接铜管 *DN*32

立管(3.5−0.8)m(详见系统图) = 2.7m

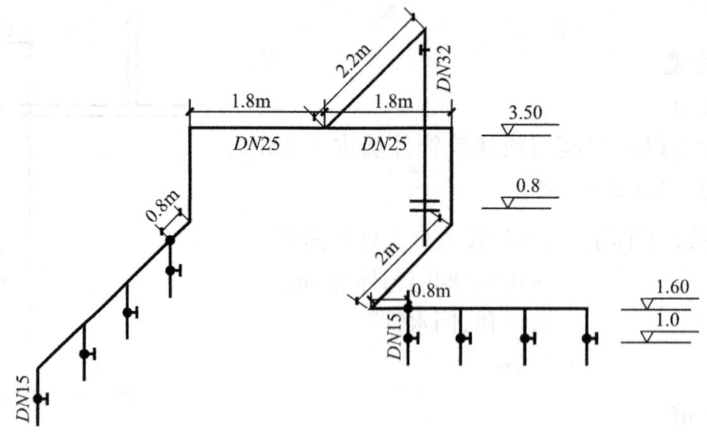

图 2-15　某公共厨房给水系统图

水平部分 2.2m

焊接铜管 $DN32$ 工程量 $= 2.7 + 2.2 = 4.9$m

(2) 焊接钢管 $DN25$

水平部分[1.8×2(左右对称详见系统图)+2+0.8×2(分支管节点前的一部分,左右长度相同)]m = 7.2m

立管部分(3.5－1.6)×2m = 3.8m(详见系统图)

焊接钢管 $DN25$ 工程量 $= 7.2 + 3.8 = 11$m

(3) 焊接钢管 $DN15$

每两个分支管之间的间距为 0.8m

水平部分 0.8×6m=4.8m

立管部分 0.5×8m=4m（详见系统图）

焊接钢管 $DN15$ 工程量=4.8+4=8.8m

(4) 管件工程量

螺纹阀门 $DN32$　　1 个

螺纹阀门 $DN15$　　8 个

2. 编制分部分项工程和单价措施项目清单与计价表

分部分项工程和单价措施项目清单与计价表见表 2-23。

分部分项工程和单价措施项目清单与计价表　　　　表 2-23

工程名称：排水管道工程　　　　标段：　　　　第　页　共　页

序号	项目编号	项目名称	项目特征描述	计量单位	工程数量	金额/元		
						综合单价	合价	其中
								暂估价
1	031001002001	钢管	室内给水工程，螺纹连接，焊接钢管 DN32	m	4.9			
2	031001002002	钢管	室内给水工程，螺纹连接，焊接钢管 DN25	m	11			
3	031001002003	钢管	室内给水工程，螺纹连接，焊接钢管 DN32	m	8.8			
4	031003001001	螺纹阀门	DN32	个	1			
5	031003001002	螺纹阀门	DN15	个	8			
合计								

【例 2-13】 某建筑采暖系统立管如图 2-16 所示，建筑层高 3.5m，楼板厚 320mm，底层地面厚 360mm，立管穿墙用钢套管，为 *DN*25 的焊接钢管，螺纹连接，管道外刷红丹防锈漆两遍，银粉两遍，试计算立管及钢套管清单工程量。

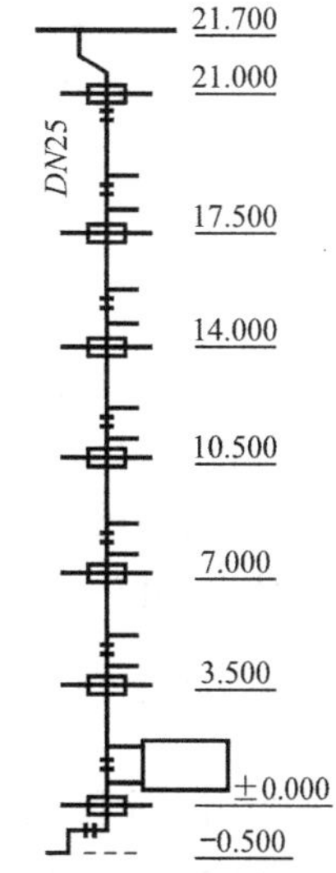

图 2-16 立管示意图

【解】

1. 清单工程量

（1）立管、*DN*25 焊接钢管（螺纹连接）

工程量 $=[21.70-(-0.5)]$(标高差) $+0.5\times2$(转弯距离) $=23.2$m

管道的除锈刷油已包含在了管道的工程项目中。

（2）钢套管：钢套管比管径大两号。

套管制作、安装已包括在了钢管的项目内容中。

（3）阀门 *DN*25 螺纹阀门

工程量 = 6(跨越管处阀门个数) + 2(进出阀门个数) = 8 个

清单工程量计算表见表 2-24。

清单工程量计算表 **表 2-24**

项目编码	项目名称	项目特征描述	计量单位	工程量
031001002001	钢管	*DN*25 焊接钢管（螺纹连接）	m	23.2
031003001001	螺纹阀门	管径 *DN*25	个	8

2. 定额工程量

（1）立管

1）安装

计量单位：10m

工程量：

$$\frac{[21.7-(-0.5)](\text{标高差})+0.5\times2(\text{转弯距离})}{10(\text{计量单位})}=\frac{23.2}{10}=2.32$$

套用《全国统一安装工程预算定额（第八册）》GYD—208—2000：8-100

基价：81.37 元；其中人工费 51.08 元，材料费 29.26 元，机械费 1.03 元

注意：跨越管与非跨越管的区别。

2）管道刷油，*DN*25 焊接钢管，螺纹连接，刷红丹防锈漆第一遍

计量单位：$10m^2$

工程量：$$\frac{1.05(10m\,DN25\text{ 钢管刷油面积})\times2.32(\text{工程量})}{10(\text{计算单位})}=0.2436$$

套用《全国统一安装工程预算定额（第十一册）》GYD—211—2000：11-51

基价：7.34 元；其中人工费 6.27 元，材料费 1.07 元

3）刷红丹防锈漆第二遍

计量单位：$10m^2$

工程量：$$\frac{1.05\times2.32}{10}=0.2436$$

套用《全国统一安装工程预算定额（第十一册）》GYD—211—2000：11-52

基价：7.23元；其中人工费6.27元，材料费0.96元

4）刷银粉漆第一遍

计量单位：$10m^3$

工程量：$$\frac{1.05\times 2.32}{10}=0.2436$$

套用《全国统一安装工程预算定额（第十一册）》GYD—211—2000：11-56

基价：11.31元；其中人工费6.50元，材料费4.81元

5）刷银粉漆第二遍

计量单位：$10m^2$

工程量：$$\frac{1.05\times 2.32}{10}=0.2436$$

套用《全国统一安装工程预算定额（第十一册）》GYD—211—2000：11-57

基价：10.64元；其中人工费6.27元，材料费4.37元

（2）钢套管

项目：*DN*40钢套管

计量单位：10m

$$工程量=\frac{0.35(底层套管长度)+(0.3+0.04)(穿楼板套管长度)\times 6(个数)}{10(计量单位)}$$

$$=\frac{2.43}{10}$$

$$=0.243$$

套用《全国统一安装工程预算定额（第八册）》GYD—208—2000：8-16

基价：24.91元；其中人工费16.49元，材料费7.58元，机械费0.84元

注意：钢套管安装，以延长米计量，套用室外焊接钢管安装相应子目，而镀锌薄钢板套管，工程量以个计量。

（3）阀门*DN*25螺纹阀门

项目：*DN*25螺纹阀门

计量单位：个

$$工程量=\frac{6(跨越管处阀门个数)+2(进出阀门个数)}{1(计量单位)}=8$$

套用《全国统一安装工程预算定额（第八册）》GYD—208—2000：8-243

基价：6.24元；其中人工费2.79元，材料费3.45元

【例2-14】 某住宅煤气引入管如图2-17所示，引入管采用无缝钢管*D*57×3.5，引入管所处的室外阀门井距外墙的距离为3m，穿墙、楼板采用钢套管，外墙厚0.37m，试计算引入管的工程量。

【解】

1. 清单工程量

引入管，无缝钢管*D*57×3.5

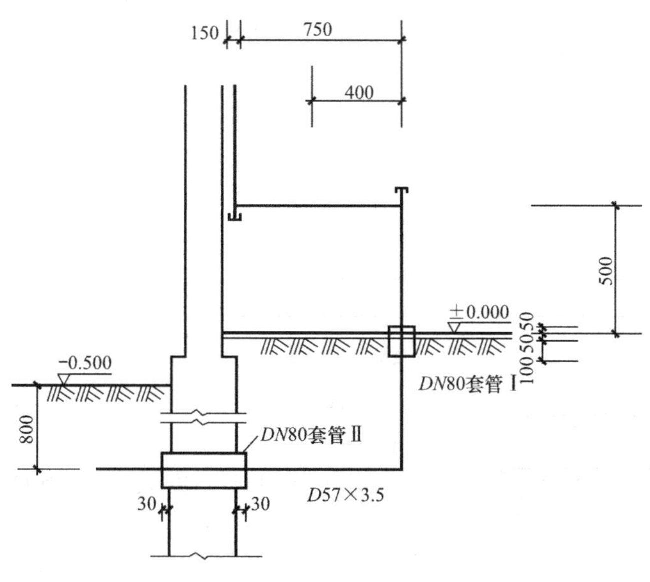

图 2-17　立管示意图

计量单位：m

工程量 =3.0(引入处距外墙距离) + 0.37(外墙厚) + (0.15 + 0.75)(室内地下管) + (0.8 + 0.5 + 0.5)(垂直管长度) + 0.4(垂直管距旋塞阀距离)

=6.47

2. 定额工程量

引入管：

(1) 无缝管 *D*57×3.5 安装

套用《全国统一安装工程预算定额（第八册）》GYD—208—2000：8-573

计量单位：10m

工程量= [3.0(引入处距外墙距离) + 0.37(外墙厚) + (0.15 + 0.75)(室内地下管) + (0.8 + 0.5 + 0.5)(垂直管长度) + 0.4(垂直管距旋塞阀距离)]/10(计量单位)

= 6.47/10 = 0.647

基价：26.48 元；其中人工费 18.58 元，材料费 5.14 元，机械费 2.76 元

(2) *DN*80 钢套管的安装

套用《全国统一安装工程预算定额（第八册）》GYD—208—2000：8-19

计量单位：10m

$$工程量=\frac{(0.03\times2+0.37)(套管\ II\ 长度)+(0.1+0.05+0.05)(套管\ I\ 长度)}{10(计量单位)}$$

$$=\frac{0.43+0.2}{10}$$

$$=\frac{0.63}{10}$$

$$=0.063$$

基价：45.88 元；其中人工费 22.06 元，材料费 22.09 元，机械费 1.73 元

注：钢套管管径通常比所处管段的管径大两号，而本工程，套管管径的确定略有差别，见表 2-25。

煤气管套管公称直径 **表 2-25**

煤气管公称直径 *DN*	套管Ⅰ公称直径 *DN*	套管Ⅱ公称直径 *DN*
25	40	50
32	50	50
40	70	80
50	80	80
70	80	100
80	100	100

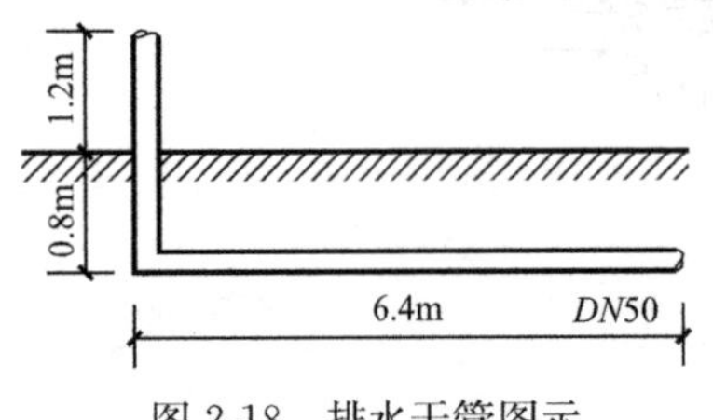

图 2-18　排水干管图示

【例 2-15】　已知某住宅楼排水系统中排水管的一部分尺寸如图 2-18 所示，试计算此排水干管定额工程量。

【解】

套用《全国统一安装工程预算定额（第八册）》GYD—208—2000：8-135

计量单位：10m

承插铸铁管工程量 =[1.2m(排水立管地上部分) + 0.8m(排水立管埋地部分) + 6.4m(排水横管埋地部分)]/10(计量单位) =0.84

基价：152.5 元；其中人工费 68.73 元，材料费（不含主材费）65.39 元，机械费 18.38 元。

【例 2-16】　某排水铸铁管的局部剖面图如图 2-19 所示，该管道外圆周长为 0.358m，明装铸铁管刷一遍红丹防锈漆后再刷银粉两遍，暗装铸铁管刷沥青两遍。试计算其清单工程量和定额工程量。

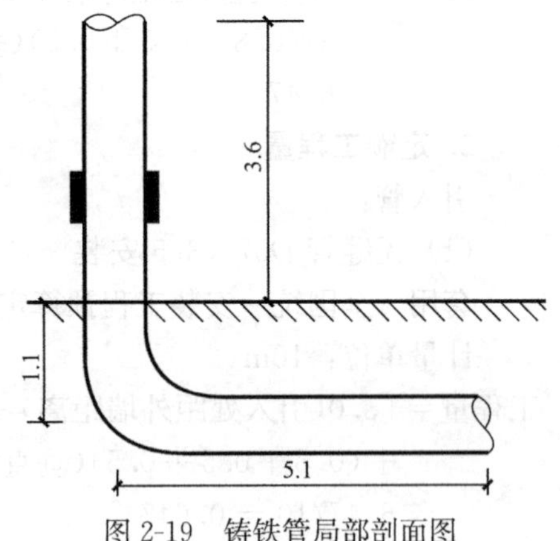

图 2-19　铸铁管局部剖面图

【解】

1. 清单工程量

承插铸铁管 *DN*100 清单工程量为：

工程量 = 3.6 + 1.1 + 5.1 = 9.8m

清单工程量见表 2-26。

清单工程量计算表 **表 2-26**

项目编码	项目名称	项目特征描述	单　位	工程量
031001005001	承插铸铁管	*DN*100	m	9.8

2. 定额工程量

说明：在进行管道刷油时应区分地上（明装）与地下（暗装）的刷油过程及所刷材料。

（1）承插铸铁管 *DN*100

工程量 = (3.6 + 1.1 + 5.1)/10 = 0.98(10m)

（2）刷一遍红丹防锈漆（地上）

工程量 = 0.358 × 3.6/10 = 0.129($10m^2$)

（3）刷银粉两道（地上）

工程量 = 0.358 × 3.6/10 = 0.129($10m^2$)

(4) 刷沥青漆两道（埋地）

$$工程量 = 0.358 \times 6.2/10 = 0.222(10m^2)$$

3. 套用定额

(1) *DN*100 承插铸铁管

计量单位：10m　　工程量：0.98

套用《全国统一安装工程预算定额（第八册）》GYD—208—2000：8-146

基价：357.39 元；其中人工费 80.34 元，材料费（不含主材费）277.05 元

(2) 刷一遍红丹防锈漆（地上）

计量单位：$10m^2$　　工程量：0.129

套用《全国统一安装工程预算定额（第十一册）》GYD—211—2000：11-198

基价：8.85 元；其中人工费 7.66 元，材料费（不含主材费）1.19 元

(3) 刷银粉两道（地上）

计量单位：$10m^2$　　工程量：0.129

1）第一遍

套用《全国统一安装工程预算定额（第十一册）》GYD—211—2000：11-200

基价：13.23 元；其中人工费 7.89 元，材料费（不含主材费）5.34 元

2）第二遍

套用《全国统一安装工程预算定额（第十一册）》GYD—211—2000：11-201

基价：12.37 元；其中人工费 7.66 元，材料费（不含主材费）4.71 元

(4) 刷沥青漆两道（埋地）

计量单位：$10m^2$　　工程量：0.222

1）第一遍

套用《全国统一安装工程预算定额（第十一册）》GYD—211—2000：11-202

基价：9.90 元；其中人工费 8.36 元，材料费（不含主材费）1.54 元

2）第二遍

套用《全国统一安装工程预算定额（第十一册）》GYD—211—2000：11-203

基价：9.50 元，其中人工费 8.13 元，材料费（不含主材费）1.37 元

【例 2-17】 某 7 层住宅楼的卫生间排水管道布置图如图 2-20、图 2-21 所示。住宅楼首层为架空层，其层高为 3m，其余层高均为 2.6m。该住宅楼自 2～7 层设有卫生间。管

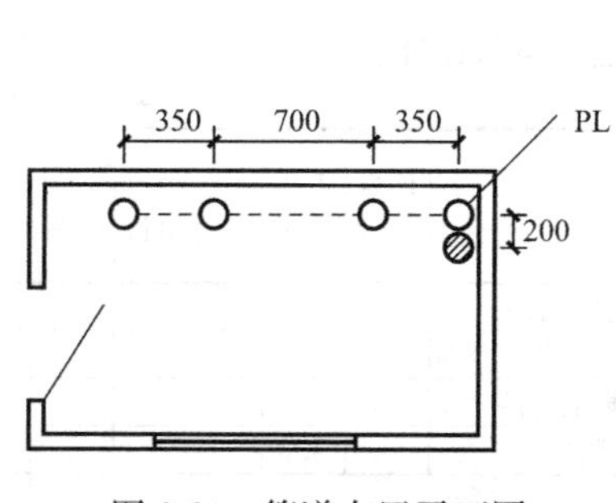

图 2-20　管道布置平面图

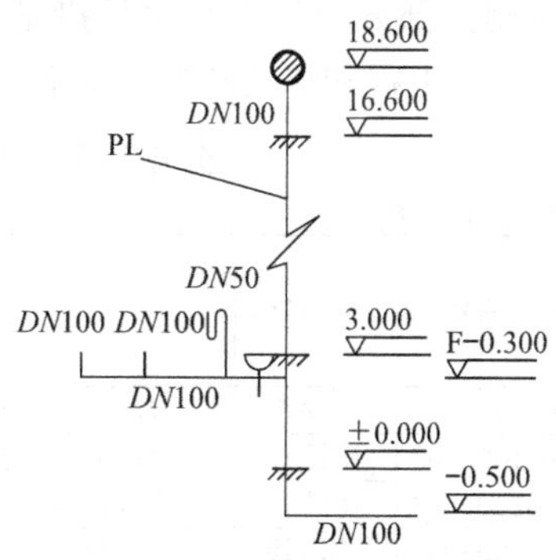

图 2-21　排水管道系统图

材采用铸铁排水管，石棉水泥接口。图中所示地漏为 $DN75$，连接地漏的横管标高为楼板面下 0.1m，立管至室外第一个检查井的水平距离为 5m。明露排水铸铁管刷防锈底漆一遍，银粉漆二遍，埋地部分刷沥青漆两遍，试计算清单工程量，并编制该管道工程的分部分项工程和单价措施项目清单与计价表。

【解】

1. 计算工程量

（1）器具排水管

1）铸铁排水管 $DN50$

$$工程量 = 0.3 \times 6 = 1.8\text{m}$$

2）铸铁排水管 $DN75$

$$工程量 = 0.1 \times 6 = 0.6\text{m}$$

3）铸铁排水管 $DN100$

$$工程量 = 0.3 \times 6 \times 2 = 3.6\text{m}$$

（2）排水横管

1）铸铁排水管 $DN75$

$$工程量 = 0.2 \times 6 = 1.2\text{m}$$

2）铸铁排水管 $DN100$

$$工程量 = (0.35 + 0.7 + 0.35) \times 6 = 8.4\text{m}$$

（3）排水立管和排出管

$$工程量 = 18.6 + 0.5 + 5 = 24.1\text{m}$$

（4）综合

1）铸铁排水管 $DN50$

$$工程量 = 1.8\text{m}$$

2）铸铁排水管 $DN75$

$$工程量 = 0.6 + 1.2 = 1.8\text{m}$$

3）铸铁排水管 $DN100$

$$工程量 = 3.6 + 8.4 + 24.1 = 36.1\text{m}$$

其中埋地部分 $DN100$

$$工程量 = 5.6\text{m}$$

2. 编制分部分项工程和单价措施项目清单与计价表

分部分项工程和单价措施项目清单与计价表见表 2-27。

分部分项工程和单价措施项目清单与计价表 **表 2-27**

工程名称：排水管道工程　　标段：　　第　页　共　页

序号	项目编号	项目名称	项目特征描述	计量单位	工程数量	金额/元		
						综合单价	合价	其中 暂估价
1	031001005001	铸铁管	*DN*50，一遍防锈底漆，两遍银粉漆	m	1.8			
2	031001005002	铸铁管	*DN*75，一遍防锈底漆，两遍银粉漆	m	1.8			
3	031001005003	铸铁管	*DN*100，一遍防锈底漆，两遍银粉漆	m	36.1			
4	031001005004	铸铁管	*DN*100，（埋地）两遍沥青漆	m	5.6			
			合计					

【例 2-18】 某排水系统部分管道如图 2-22 所示，管道采用承插铸铁管，水泥接口，试计算其清单工程量和定额工程量。

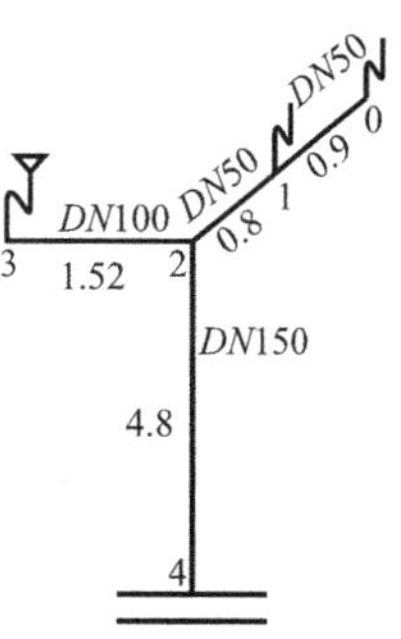

图 2-22 某排水系统部分管道（m）

【解】

1. 清单工程量

（1）承插铸铁管 *DN*50mm

工程量 =0.9m(从节点 0 到节点 1 处)
+0.8m(从节点 1 到节点 2 处) = 1.7m

（2）承插铸铁管 *DN*100mm

工程量 = 1.52m(从节点 3 至节点 2 处) = 1.52m

（3）承插铸铁管 *DN*150mm

工程量 = 4.8m(从节点 2 到节点 4 处) = 4.8m

清单工程量见表 2-28。

清单工程量计算表 **表 2-28**

项目编码	项目名称	项目特征描述	单 位	数 量
031001005001	承插铸铁管	*DN*50、排水	m	1.7
031001005002	承插铸铁管	*DN*100、排水	m	1.52
031001005003	承插铸铁管	*DN*150、排水	m	4.8

2. 定额工程量

定额工程量计算见表 2-29。

定额工程量计算表 **表 2-29**

项 目	规 格	单 位	数 量
承插铸铁管	*DN*50	10m	0.17
承插铸铁管	*DN*100	10m	0.152
承插铸铁管	*DN*150	10m	0.48

说明：在清单工程量计算中与定额工程量计算中最大的区别在于单位的不同，清单以“m”计，定额以“10m”计。

3. 套用定额

（1）承插铸铁管 *DN*50

计量单位：10m

工程量：0.17

套用《全国统一安装工程预算定额（第八册）》GYD—208—2000：8-144

基价：133.41 元；其中人工费 52.01 元，材料费（不含主材费）81.40 元

（2）承插铸铁管 *DN*100

计量单位：10m

工程量：0.152

套用《全国统一安装工程预算定额（第八册）》GYD—208—2000：8-146

基价：357.39 元；其中人工费 80.34 元，材料费（不含主材费）：277.05 元

(3) 承插铸铁管 *DN*150

计量单位：10m

工程量：0.48

套用《全国统一安装工程预算定额（第八册）》GYD—208—2000：8-147

基价：329.18 元；其中人工费 85.22 元，材料费（不含主材费）：243.96 元

【例 2-19】 某住宅顶层盥洗室排水系统如图 2-23 所示。排水系统设伸顶通气管，排水管道为承插铸铁管，石棉水泥接口，试计算其清单工程量。

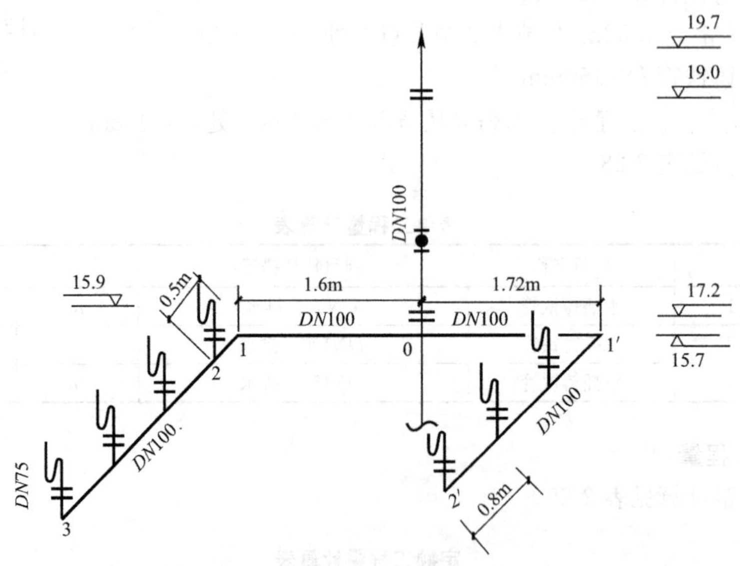

图 2-23 某住宅顶层盥洗室排水系统图

【解】

(1) 承插铸铁管 *DN*100

1) 立管部分

$$工程量 = 17.2 - 15.7 + (19.0 - 17.2) + (19.7 - 19.0) = 4m$$

2) 水平部分

$$工程量 = 1.72 + 1.6 + 0.5 + 0.8 \times 6 = 8.62m$$

$$总工程量 = 4 + 8.62 = 12.62m$$

(2) 承插铸铁管 *DN*75

$$工程量 = (15.9 - 15.7) \times 7m = 1.4m$$

注：镀锌铁皮套管制作是以“个”为计量单位；套管的安装已包括在管道安装清单内，不再另行计算工程量。套管的直径一般较其穿越管道本身的公称直径大 1～2 级。

清单工程量计算见表 2-30。

清单工程量计算表 **表 2-30**

序号	项目编码	项目名称	项目特征描述	计量单位	工程量
1	031001005001	承插铸铁管	室内排水工程，石棉水泥接口，承插铸铁管 *DN*100	m	12.62
2	031001005002	承插铸铁管	室内排水工程，石棉水泥接口，承插铸铁管 *DN*75	m	1.4

【例 2-20】 某住宅排水系统图如图 2-24 所示，排水立管采用承插铸铁管，规格为 *DN*75，分为三层，横管、出户管为铸铁管法兰连接，规格为 *DN*75、*DN*100。试计算该住宅排水系统的定额工程量。

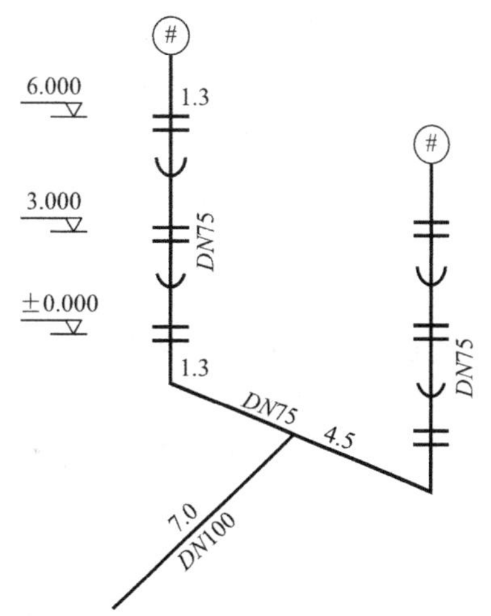

图 2-24 排水用承插铸铁管系统图（m）

【解】

1. 定额工程量计算

(1) *DN*75 承插铸铁管

工程量 =[1.3(伸顶通气长度) + 3.0 × 2 + 1.3(立管埋地深度)] × 2/10
=1.72(10m)

(2) *DN*75 法兰接口铸铁管

工程量 = 4.5/10 = 0.45(10m)(埋地横管)

(3) *DN*100 法兰接口铸铁管

工程量 = 7.0/10 = 0.7(10m)(排水出户管)

(4) 套管

铸铁套管 *DN*75 6 个

铸铁套管 *DN*100 1 个

(5) 承插铸铁管需刷沥青油两道

其面积： 3.14 × 17.2 × 0.085/10 = 0.459($10m^2$)

2. 套用定额

(1) *DN*75 承插铸铁管

计量单位：10m 工程量：1.72

套用《全国统一安装工程预算定额（第八册）》GYD—208—2000：8-145

基价：249.18 元；其中人工费 62.23 元，材料费 186.95 元

(2) *DN*75 法兰接口铸铁管

计量单位：10m 工程量：0.45

套用《全国统一安装工程预算定额（第八册）》GYD—208—2000：8-145

基价：249.18 元；其中人工费 62.23 元，材料费 186.95 元

(3) *DN*100 法兰接口铸铁管

计量单位：10m 工程量：0.70

套用《全国统一安装工程预算定额（第八册）》GYD—208—2000：8-146

基价：357.39 元；其中人工费 80.34 元，材料费 277.05 元

(4) *DN*75 套管

计量单位：个 工程量：6

套用《全国统一安装工程预算定额（第八册）》GYD—208—2000：8-174

基价：4.34 元；其中人工费 2.09 元，材料费 2.25 元

(5) *DN*100 套管

计量单位：个 工程量：1

套用《全国统一安装工程预算定额（第八册）》GYD—208—2000：8-175

基价：4.34 元；其中人工费 2.09 元，材料费 2.25 元

(6) 刷沥青油

计量单位：10m² 工程量：0.459

1) 刷沥青油一遍

套用《全国统一安装工程预算定额（第十一册）》GYD—211—2000：11-202

基价：9.90 元；其中人工费 8.36 元，材料费 1.54 元

2) 刷沥青油二遍

套用《全国统一安装工程预算定额（第十一册）》GYD—211—2000：11-203

基价：9.50 元；其中人工费 8.13 元，材料费 1.37 元

【例 2-21】 某住宅排水系统图如图 2-25 所示，排水立管 1 根，为承插铸铁管，横支管也采用承插铸铁管。计算承插铸铁管定额工程量。

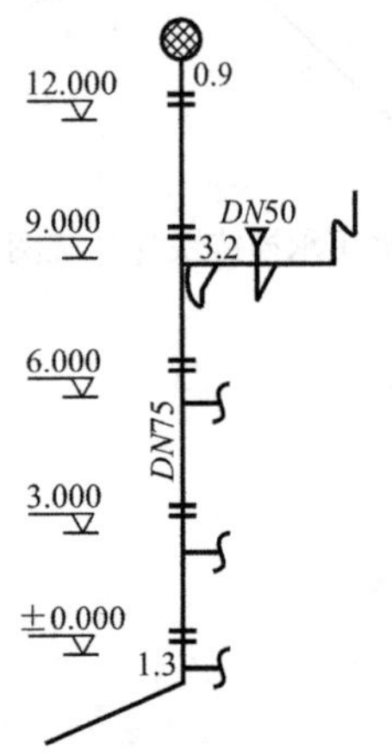

图 2-25 某住宅排水系统图

【解】

1. 定额工程量计算

(1) *DN*75 承插铸铁管

工程量 =[3.0×4(四层到一层)+0.9(伸顶高度)+1.3(立管埋地深度)]/10(计量单位)=1.42(10m)

(2) 承插铸铁管 *DN*50

工程量 = 3.2(排水横支管)×4/10(计量单位) = 1.28(10m)

(3) 刷油

承插铸铁管立管、横支管，需刷沥青油

工程量 = 3.14×(0.085×14.2+0.060×12.8)/10 = 0.62(10m²)

2. 套用定额

(1) 承插铸铁管 *DN*75

计量单位：10m 工程量：1.42

套用《全国统一安装工程预算定额（第八册）》GYD—208—2000：8-145

基价：249.18 元；其中人工费 62.23 元，材料费 186.95 元

(2) 承插铸铁管 *DN*50

计量单位：10m 工程量：1.28

套用《全国统一安装工程预算定额（第八册）》GYD—208—2000：8-144

基价：133.41 元；其中人工费 52.01 元，材料费 81.40 元

(3) 刷油

计量单位：10m² 工程量：0.62

1) 刷沥青油一遍

套用《全国统一安装工程预算定额（第十一册）》GYD—211—2000：11-202

基价：9.90 元；其中人工费 8.36 元，材料费 1.54 元

2）刷沥青油二遍

套用《全国统一安装工程预算定额（第十一册）》GYD—211—2000：11-203

基价：9.50 元；其中人工费 8.13 元，材料费 1.37 元

【例 2-22】 某室内塑料管给水管道如图 2-26 所示，立管、支管均采用塑料管 PVC 管，给水设备有 3 个水龙头，一个自闭式冲洗阀。试计算塑料管工程量。

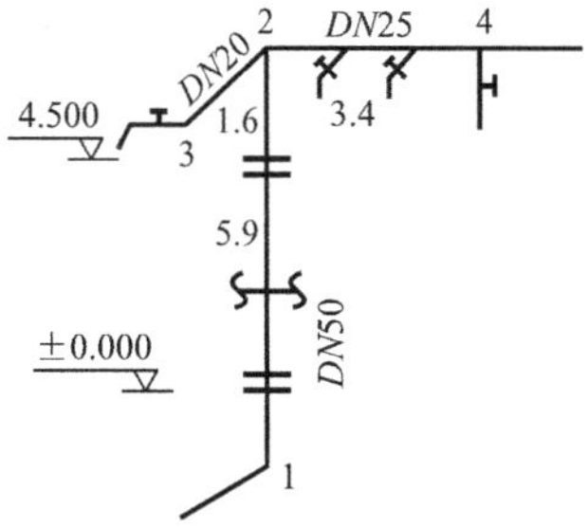

图 2-26 塑料管给水管道

【解】

1. 清单工程量

（1）给水管 *DN*50

工程量 = 5.9m(节点 1 至节点 2 的长度)

（2）给水管 *DN*25

工程量 = 3.4m(节点 2 至节点 4 的长度) × 2 = 6.8m

（3）给水管 *DN*20

工程量 = 1.6m(节点 2 至节点 3 的长度) × 2 = 3.2m

清单工程量计算见表 2-31。

清单工程量计算表 **表 2-31**

项目编码	项目名称	项目特征描述	单 位	工程量
031001006001	塑料管	给水管 *DN*50 室内	m	5.9
031001006002		给水管 *DN*25 室内	m	6.8
031001006003		给水管 *DN*20 室内	m	3.2

2. 定额工程量

定额工程量计算见表 2-32。

定额工程量计算表 **表 2-32**

分项项目	计量单位	工程量	定额编号	基价/元	人工费/元	材料费/元	机械费/元
塑料管 *DN*50	10m	0.59	6-275	17.70	13.03	0.55	4.12
塑料管 *DN*25	10m	0.68	6-274	15.62	11.91	0.47	3.24
塑料管 *DN*20	10m	0.32	6-273	14.19	11.21	0.42	2.65

【例 2-23】 某建筑采用低温地板采暖系统，敷设情况如图 2-27 所示，室内敷设管道为交联聚乙烯管 PE-X，管外径为 20mm，管内径为 16mm，即 *De*16×2，试计算其工程量。

【解】

1. 清单工程量

$$\frac{136(\text{塑料管长})}{1(\text{计量单位})} = 136\text{m}$$

清单工程量计算见表 2-33。

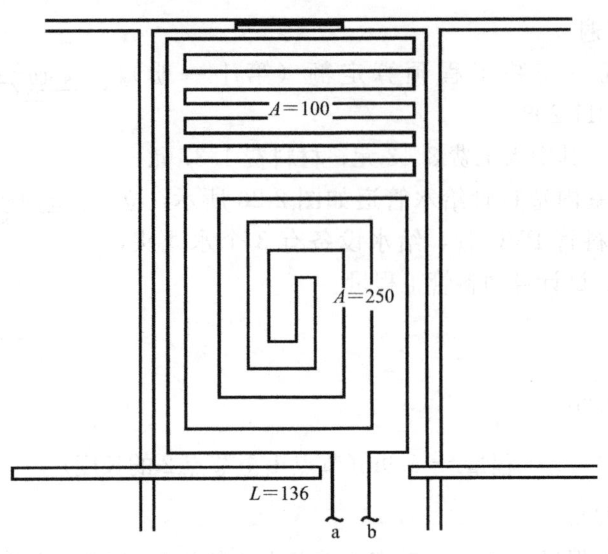

图 2-27　某房间管道布置图

说明：图中 a 接至分水器，b 接至集水器

清单工程量计算表　　　　**表 2-33**

项目编码	项目名称	项目特征描述	单　位	工程量
031001006001	塑料管	室内管道（PE-X）$De16\times2$	m	136

2. 定额工程量

项目：塑料管（PE-X）$De6\times2$

计量单位：10m

工程量：$$\frac{136(\text{塑料管长})}{10(\text{计量单位})}=13.6\text{m}$$

套用《全国统一安装工程预算定额（第六册）》GYD—206—2000：6-273

基价：14.19 元；其中人工费 11.12 元，材料费 0.42 元，机械费 2.65 元

【例 2-24】 某住宅楼厨房和卫生间给排水平面如图 2-28 所示。厨房内有 1 个洗涤盆，

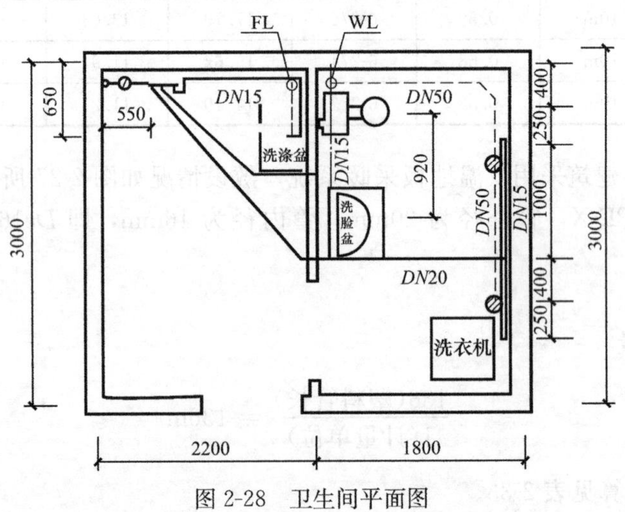

图 2-28　卫生间平面图

卫生间设有 1 个坐式大便器、1 个立式洗脸盆、1 个洗衣机水龙头，设 1 个预留口以便用户安装淋浴器，管道轴测图如图 2-29 和图 2-30 所示。

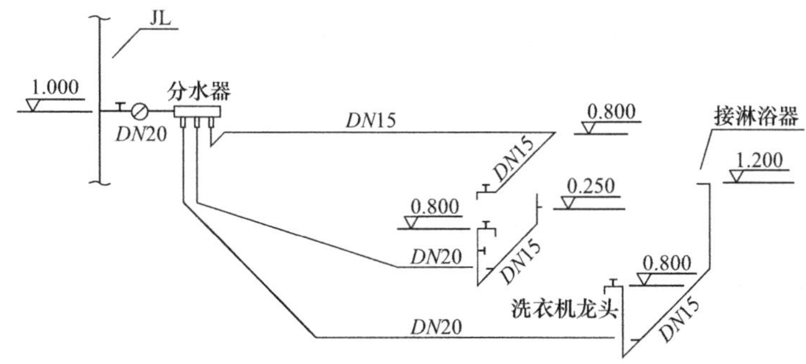

图 2-29　厨房、卫生间给水管道轴测图

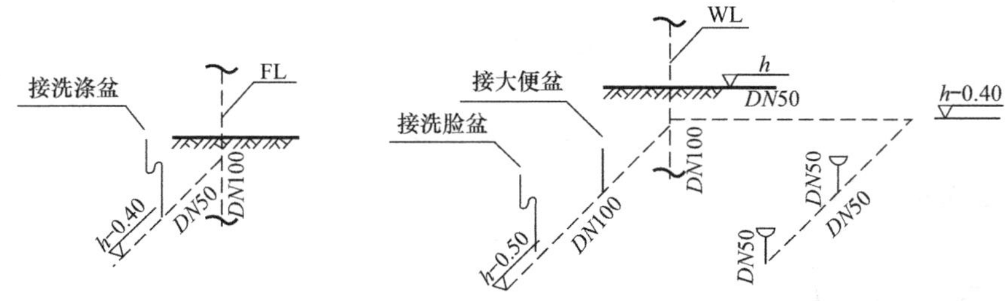

图 2-30　厨房、卫生间排水管道轴测图

给水管为铝塑复合管，排水管 PVC—U 塑料管（粘接接口），给水立管至分水器的管段采用钢塑复合管，坐式大便器为联体水箱坐式大便器。给水管从分水器至洗涤盆的管段沿墙暗敷，分水器至卫生间的水平管段沿地暗敷，垂直段管道沿墙暗敷。管道支架除中锈，刷防锈漆两遍、银粉漆两遍。

试计算清单工程量，并编制分部分项工程和单价措施项目清单与计价表。

【解】

1. 计算工程量

（1）铝塑复合管 *DN*15

工程量 ＝(2.2－0.18/2－0.06－0.55＋0.65)(厨房)

＋(0.9＋0.53＋0.25＋0.04×2)(洗脸盆至大便器)

＋(0.8＋0.25＋0.4＋1＋1.2＋0.04×2)(洗衣机至沐浴器)

＝(2.15＋1.76＋3.73)m

＝7.64m

（2）铝塑复合管 *DN*20

工程量 ＝(1.0＋0.04＋1.25＋0.6)(分水器至脸盆)

＋(1.0＋0.04＋2.2＋1.75)(分水器至洗衣机)

＝(2.89＋4.99)m

＝7.88m

(3) 塑料排水管 $DN50$

工程量 =(0.4+0.65-0.15)(洗脸盆至 FL)

+(0.25+0.4+1.0+0.25+0.4-0.15+1.8-0.18-0.15×2)

(洗衣机至 WL)+(0.4×4)(器具排水管高度)

=(0.9+3.47+1.6)m

=5.97m

(4) 塑料排水管 $DN100$

工程量 = (0.92+0.4-0.15)(横管)+0.5(器具排水管高度) = 1.67m

(5) 钢塑复合管 $DN20$

工程量 = 0.8-0.25(立管至分水器) = 0.55m

(6) 水表安装 $DN20$

工程量 = 1 组

(7) 洗涤盆安装

工程量 = 1 组

(8) 洗脸盆安装

工程量 = 1 组

(9) 坐式大便器安装

工程量 = 1 组

(10) 水龙头安装 $DN15$

工程量 = 1 个

(11) 地漏安装 $DN50$

工程量 = 1 组

(12) 管道支架

工程量 = (排水管道)3kg/ 个 × 6 个 = 18kg

1) 支架除中锈：18kg

2) 支架刷防锈漆：18kg

3) 支架刷银粉漆：18kg

2. 编制分部分项工程和单价措施项目清单与计价表

室内给排水管道和卫生设备的分部分项工程和单价措施项目清单与计价表见表 2-34。

分部分项工程和单价措施项目清单与计价表 **表 2-34**

工程名称： 标段： 第 页 共 页

序号	项目编号	项目名称	项目特征描述	计量单位	工程数量	金额/元		
						综合单价	合价	其中
								暂估价
1	031001007001	铝塑复合管	铝塑复合管 $DN15$	m	7.64			
2	031001007002	铝塑复合管	铝塑复合管 $DN20$	m	7.88			
3	031001007003	钢塑复合管	钢塑复合管 $DN20$	m	0.55			
4	031001006001	塑料管	塑料排水管 $DN50$	m	5.97			
5	031001006002	塑料管	塑料排水管 $DN100$	m	1.67			

续表

序号	项目编号	项目名称	项目特征描述	计量单位	工程数量	金额/元		
						综合单价	合价	其中
								暂估价
6	031003013001	水表	螺纹水表安装 DN20，××型	组	1			
7	031004003001	洗脸盆	陶瓷洗脸盆安装，××型角阀和不锈钢存水弯	组	1			
8	031004004001	洗涤盆	不锈钢洗涤盆安装，××型角阀和不锈钢存水弯	组	1			
9	031004006001	大便器	陶瓷坐式大便器（联体水箱）安装，××型角阀	组	1			
10	031004014001	水龙头	不锈钢水龙头安装 DN15，××型	个	1			
11	031004014002	地漏	地漏安装 DN50，塑料，××型	个	2			
12	031002001001	管道支架	管道支架制作安装，除中锈，刷防锈漆二遍，银粉漆两遍	kg	18			
合计								

【例 2-25】 某建筑的屋顶排水系统如图 2-31 所示，该建筑采用天沟外排水系统排水，排水管采用承插水泥管，试计算承插水泥管清单工程量。

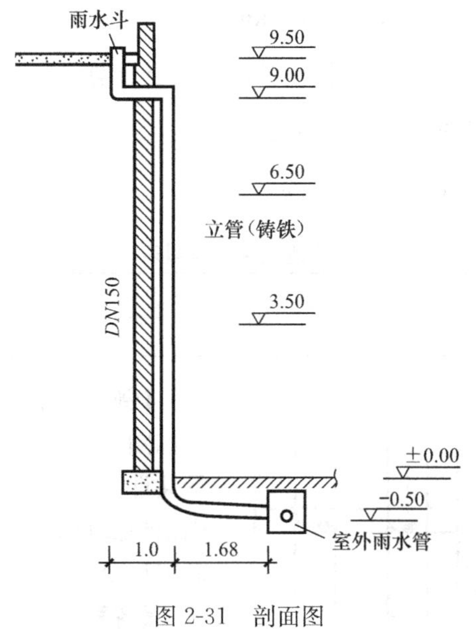

图 2-31 剖面图

【解】

承插水泥管清单工程量按设计图示管道中心线以长度计算。

承插水泥管工程量＝0.5＋1＋9＋1.68＋0.5＝12.68m

承插水泥管工程量计算见表 2-35。

承插水泥管工程量表 **表 2-35**

项目编号	项目名称	项目特征描述	计量单位	工程量
031001010001	承插水泥管	承插水泥管 DN150	m	12.68

【例 2-26】 图 2-32 所示为某管道沿室内墙壁敷设平面图，其采用 J101、J102 一般管架支撑，试计算管道支架制作安装工程量。

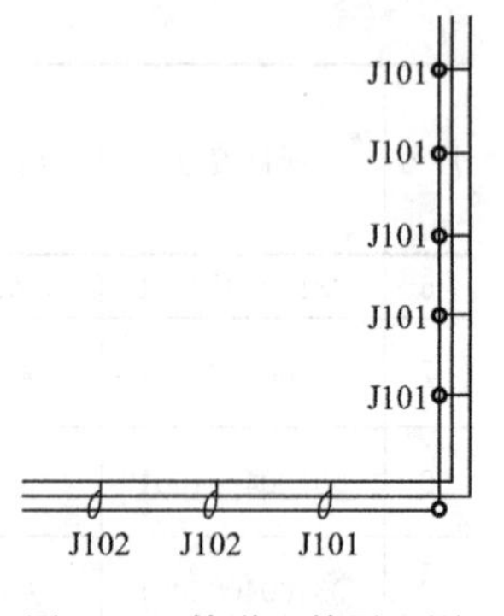

图 2-32 管道配管平面图

（注：J101 管架按 65kg/只，J102 管架按 25kg/只计算质量）

【解】

1. 清单工程量

工程量 ＝ 6 × 65 ＋ 2 × 25 ＝ 440kg

2. 定额工程量

（1）J101 管架

工程量 ＝ 6 × 65 ＝ 390kg

（2）J102 管架

工程量 ＝ 2 × 25 ＝ 50kg

【例 2-27】 某单管托架立面图如图 2-33 所示，已知其质量为 24.8kg，试计算其工程量。

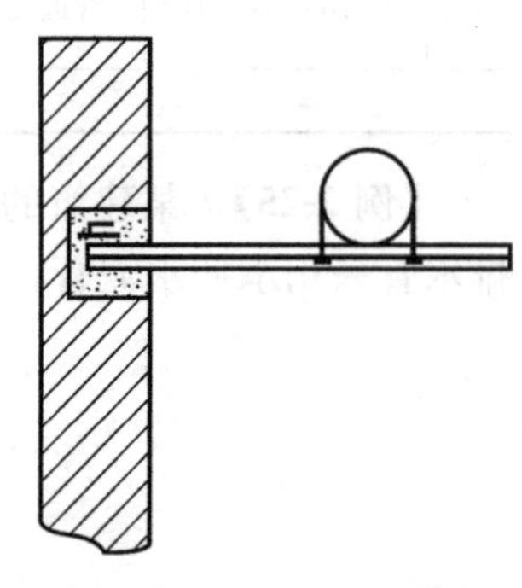

图 2-33 单管托架立面图

【解】

（1）管道支架工程量以 kg 计量，按设计图示质量计算。

单管托架工程量 ＝ 24.8kg

（2）管道支架工程量以套计量，按设计图示数量计算。

单管托架工程量 ＝ 1 套

该管道支架制作安装工程量见表 2-36。

管道支架工程量表 **表 2-36**

项目编码	项目名称	项目特征描述	计量单位	工程量
031002001001	管道支架	角钢 50×5	kg（套）	24.8（1）

【例 2-28】 某给排水工程安装管道支架如图 2-34 所示，沿墙安装双管托架，质量共计 95kg。支架刷红丹防锈漆一遍，涂刷银粉漆两遍。试计算其清单工程量和定额工程量（不含主材费）。

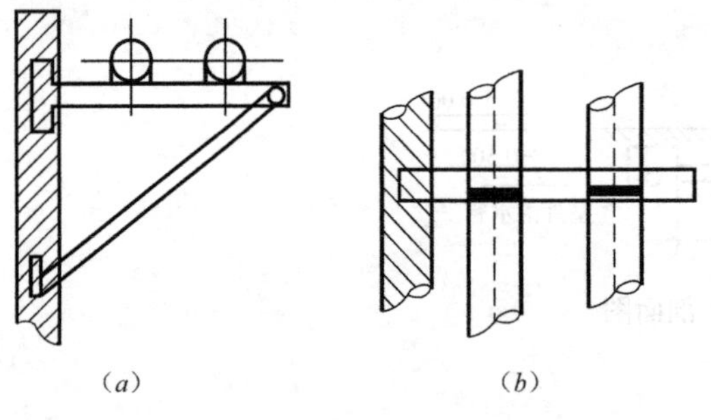

图 2-34 双管托架示意图

(a) 立面图；(b) 平面图

【解】

1. 清单工程量

（1）以 kg 计量，按设计图示质量计算。

沿墙安装双管托架工程量 ＝ 95kg

（2）以套计量，按设计图示数量计算。

沿墙安装双管托架工程量 ＝ 1 套

清单工程量计算表见表 2-37。

清单工程量计算表　　表 2-37

项目编号	项目名称	项目特征描述	计量单位	工程量
031002001001	管道支架	沿墙安装双管托架	kg（套）	95（1）

2. 定额工程量

（1）管道支架制作安装

计量单位：100kg　　工程量：0.95

套用《全国统一安装工程预算定额（第八册）》GYD—208—2000：8-178

基价：654.69 元；其中人工费 235.45 元，材料费（不含主材费）194.98 元，机械费 224.26 元

（2）支架除轻锈

计量单位：100kg　　工程量：0.95

套用《全国统一安装工程预算定额（第十一册）》GYD—211—2000：11-7

基价：17.35 元；其中人工费 7.89 元，材料费（不含主材费）2.5 元，机械费 6.96 元

（3）支架刷红丹防锈漆第一遍

计量单位：100kg　　工程量：0.95

套用《全国统一安装工程预算定额（第十一册）》GYD—211—2000：11-117

基价：13.17 元；其中人工费 5.34 元，材料费（不含主材费）0.87 元，机械费 6.96 元

（4）涂刷银粉漆第一遍

计量单位：100kg　　工程量：0.95

套用《全国统一安装工程预算定额（第十一册）》GYD—211—2000：11-122

基价：16.00 元；其中人工费 5.11 元，材料费（不含主材费）3.93 元，机械费6.96 元

（5）涂刷银粉漆第二遍

计量单位：100kg　　工程量：0.95

套用《全国统一安装工程预算定额（第十一册）》GYD—211—2000：11-123

基价：15.25 元；其中人工费 5.11 元，材料费（不含主材费）3.18 元，机械费6.96 元

【例 2-29】 某住宅采暖系统供水总立管如图 2-35 所示，每层距地面 1.8m 处均安装立管卡，立管支架 *DN*100 单支架质量为 1.41kg，试计算立管管卡的工程量。

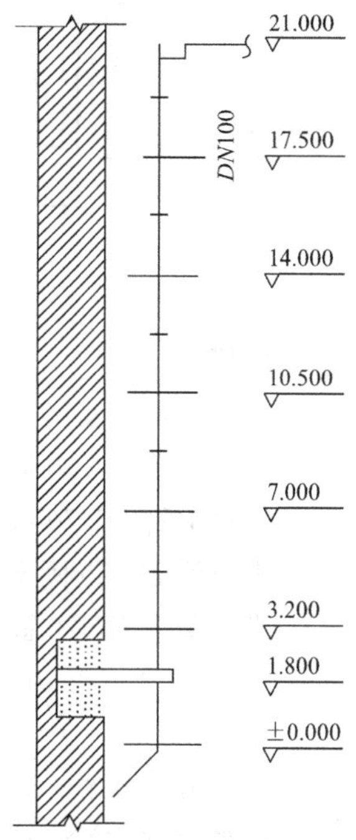

图 2-35　采暖供水总立管示意图

【解】

1. 清单工程量

工程量 = 6(支架个数) × 1.41(单支架质量) = 8.46kg

清单工程量计算见表 2-38。

清单工程量计算表　　表 2-38

项目编码	项目名称	项目特征描述	计量单位	工程量
031002001001	管道支架制作安装	立管支架 *DN*100	kg	8.46

2. 定额工程量

项目：*DN*100 管道支架制作安装

计量单位：100kg

$$工程量 = \frac{6(支架个数) \times 1.41(单个支架重量)}{100(计量单位)} = 0.0846$$

套用《全国统一安装工程预算定额（第八册）》GYD—208—2000：8-178

基价：654.69 元；其中人工费 235.45 元，材料费 194.98 元，机械费 224.26 元

注：立管管卡安装，层高≤5m，每层安装一个，位置距地面 1.8m；层高>5m，每层安装两个，位置匀称安装。

【例 2-30】 某住宅顶层采暖系统管道固定支架如图 2-36 所示，支架除锈后刷防锈漆两遍，银粉两遍。试计算固定支架与滑动支架的支架清单工程量。

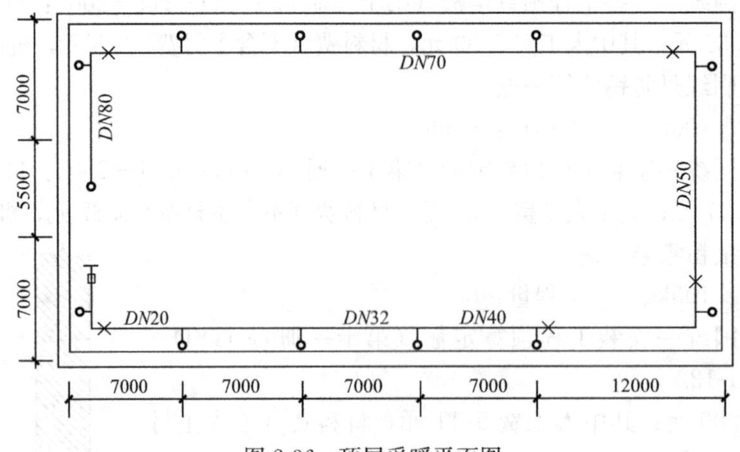

图 2-36　顶层采暖平面图

【解】

(1) 固定支架

供水干管 *DN*80 固定支架：1 个

供水干管 *DN*70 固定支架：1 个

水干管 *DN*50 固定支架：2 个

供水干管 *DN*20 固定支架：1 个

$$工程量 = \frac{1 \times 2.603 + 1 \times 1.905 + 2 \times 1.331 + 1 \times 0.509(单个支架重量)}{1(计量单位)} = 7.68\text{kg}$$

(2) 滑动支架

供水干管 *DN*80 滑动支架，干管长度为：

$$7.0 + \frac{5.5}{2} + 7.0 \times 2 - 0.5(横干管距墙面距离) \times 2 = 22.75\text{m}$$

*DN*80 干管不保温支架最大间距为 5m，所以支架个数：$\frac{22.75}{5}$=5 个

供水干管 *DN*70 滑动支架干管长度为：

$$7.0 \times 2 + 12.0 - 0.5(横干管距墙面距离) + 0.2 = 25.7\text{m}$$

$DN70$ 干管不保温支架最大间距为 5m，所以支架个数：$\frac{25.7}{5}=5$ 个

供水干管 $DN50$ 滑动支架干管长度为：

$$7.0\times2+5.5+12.0-0.5\times3-0.2=29.8\text{m}$$

供水干管 $DN50$ 不保温支架最大间距为 4m，所以支架个数：$\frac{29.8}{4}=7$ 个

供水干管 $DN40$ 滑动支架干管长度为 7.0m

供水干管 $DN40$ 不保温支架最大间距为 3m，所以支架个数：$\frac{7.0}{3}=2$ 个

供水干管 $DN32$ 滑动支架干管长度为 $7.0\times2=14\text{m}$

供水干管 $DN32$ 不保温支架最大间距为 2m，所以支架个数：$\frac{14}{2}=7$ 个

供水干管 $DN20$ 滑动支架干管长度为 $7.0+\frac{7.0}{2}-0.5=10.0\text{m}$

供水干管 $DN20$ 不保温支架最大间距为 2.5m，所以支架个数：$\frac{10.0}{2.5}=4$ 个

工程量 $=5\times1.128$（$DN80$ 不保温管单个滑动支架质量）$+5\times1.078+7\times0.705$
$+2\times0.634+7\times0.634+4\times0.416$
$=23.34\text{kg}$

（3）支架工程量

$$7.68+23.34=31.02\text{kg}$$

清单工程量计算见表 2-39。

清单工程量计算表 **表 2-39**

项目编码	项目名称	项目特征描述	计量单位	工程量
031002001001	管道支架制作安装	供水干管支架 *DN*20 *DN*32 *DN*40 *DN*50 *DN*70 *DN*80	kg	31.02

【例 2-31】 某住宅消防给水平面图如图 2-37 所示，消防给水系统图如图 2-38 所示，图中消防埋地横管①长度为 7.8m，消防埋地横管②长度为 7.2m，水表井至户外部分长度为 6.8m，与旁通管并列的水泵给水管部分长度为 3.6m，消防水箱入水口至上部横管连接管长度为 2.8m。试计算该住房消防给水系统清单工程量。

【解】

（1）消防给水管

消防给水管为镀锌钢管，二层以上管道为 $DN75$，二层以下消防管道为 $DN100$。

1）$DN100$ 镀锌钢管

工程量＝[3（二层至一层高度）＋1.4（水喷头距地面高度）
＋1.2（消防给水立管埋深）]×4＋7.8（消防埋地横管 ①）
＋7.2（消防埋地横管 ②）＋7.2（横管连接管长度）＋3.2（消防给水管旁通管部分）
＋3.6（与旁通管并列的水泵给水管部分长度）
＋6.8（水表井至户外部分长度）＝58.2m

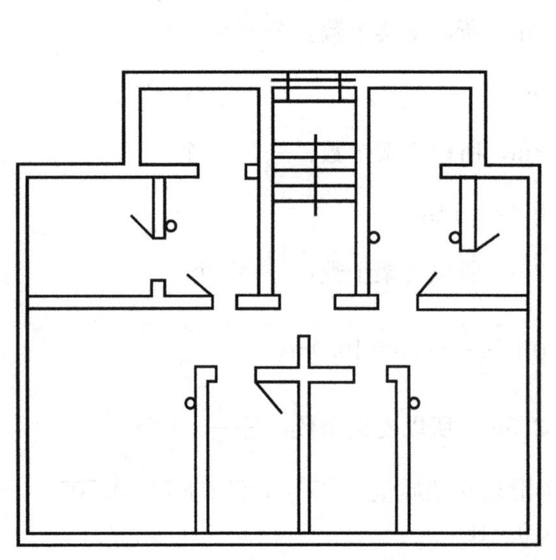

图 2-37　某住宅消防给水平面图

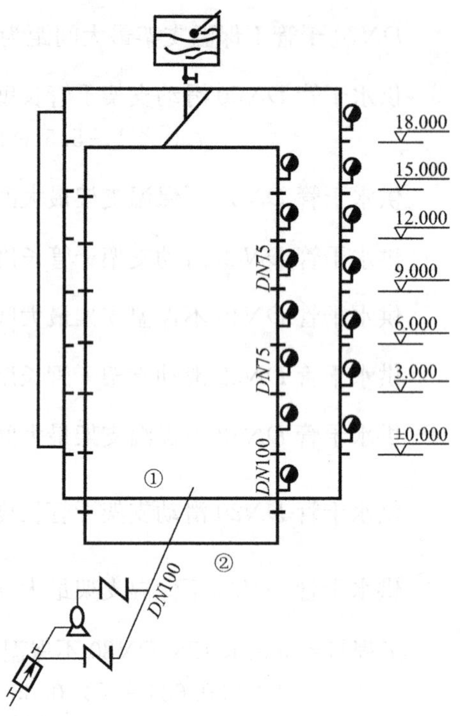

图 2-38　消防给水系统图

2）*DN*75 镀锌钢管

工程量＝3(楼层高度)×5(七层至二层)×4
＋2.5(七层水喷头至七层顶部长度)×4
＋15(消防上部横管长度)＋4.6(上部两横管连接管)
＋2.8(消防水箱入水口至上部横管连接管长度)
＝92.4m

(2) 消防给水系统附件及附属设备

1) 消防水箱安装

1个

2) 给水泵

1台

3) 止回阀

1×2＝2个

4) 消火栓

7×4＝28套

5) 水表

1组

(3) 防腐

消防给水管全部为镀锌钢管，明装部分刷防锈漆一道，银粉两道，埋地部分刷沥青油二道，冷底子油一道。

其工程量计算如下：

1）明装部分

*DN*75 镀锌钢管　92.4m

*DN*100　　　　　　　$(3+1.4)\times 4=17.6\text{m}$

换算为面积：　$3.14\times(0.085\times 92.4+0.11\times 17.6)=30.74\text{m}^2$

2）埋地部分

镀锌钢管 *DN*100　　　$58.2-17.6=40.6\text{m}$

换算为面积：　　　$3.14\times 0.11\times 40.6=14.02\text{m}^2$

清单工程量计算见表 2-40。

清单工程量计算表　　　　**表 2-40**

项目编码	项目名称	项目特征描述	计量单位	工程量
031001001001	消火栓镀锌钢管	室内，*DN*100，给水	m	58.2
031001001002	消火栓镀锌钢管	室内，*DN*75，给水	m	92.4
031006015001	消防水箱制作安装	—	台	1
031004014001	消火栓	*DN*75	套	28
031003013001	水表	*DN*100	组	1
031003001001	螺纹阀门	*DN*100	个	1
031003001002	螺纹阀门	*DN*75	个	1

【例 2-32】 某疏水器安装如图 2-39 所示，*DN*32 螺纹连接长度为 3.62m，试计算其清单工程量。

【解】

1. 清单工程量

疏水器：1 组

*DN*32 螺纹连接：3.62m

过滤器：1 台

冲洗管：1 个

检查管：1 个

*DN*32 截止阀：4 个

清单工程量计算见表 2-41。

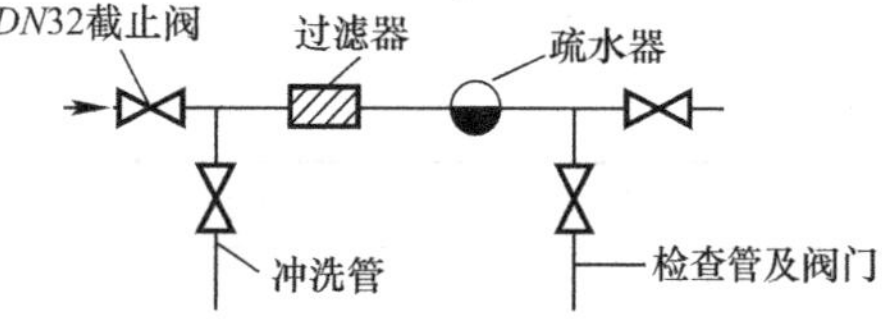

图 2-39　疏水器安装示意图

清单工程量计算表　　　　**表 2-41**

项目编码	项目名称	项目特征描述	单　位	工程量
031003007001	疏水器	*DN*32 螺纹连接	组	1
031003001001	螺纹阀门	*DN*32	个	4

2. 定额工程量

项目：疏水器　　计量单位：1 组　　工程量：1

套用《全国统一安装工程预算定额（第八册）》GYD—208—2000：8-346

基价：245.07 元；其中人工费 29.72 元，材料费 215.35 元

定额工程量计算见表 2-42。

定额工程量计算表　　　　表 2-42

分项项目	单　位	工程量
*DN*32 螺纹连接疏水器	组	1
过滤器	台	1
*DN*32 镀锌钢管	10m	0.362
*DN*32 截止阀	个	4

【例 2-33】 如图 2-40 所示为一疏水器安装示意图，试计算其工程量。

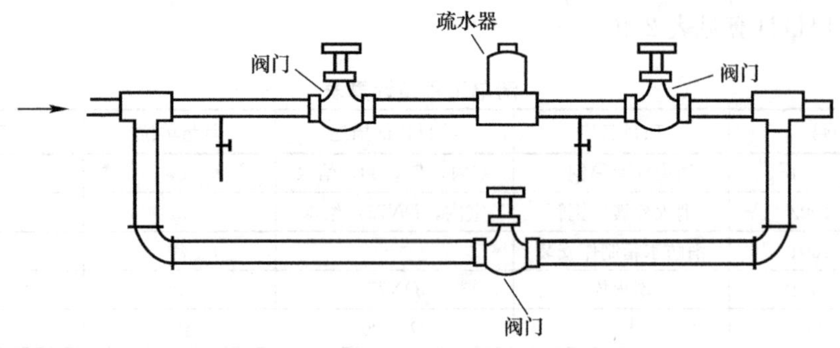

图 2-40　疏水器安装平面图

【解】

疏水器单位：组　　工程量：1

清单工程量计算见表 2-43。

清单工程量计算表　　　　表 2-43

项目编号	项目名称	项目特征描述	计量单位	工程量
031003007001	疏水器	疏水器	组	1

【例 2-34】 某室内钢管阀门安装工程量见表 2-44，试编制分部分项工程和单价措施项目清单与计价表。

阀 门 数 量 表　　　　表 2-44

序　号	名　称	规　格	单　位	数　量	备　注
1	内螺纹截止阀 J11X-10	*DN*25	个	6	—
2	内螺纹截止阀 J11X-10	*DN*32	个	6	—
3	内螺纹铜截止阀 J11X-10	*DN*25	个	8	—
4	内螺纹暗杆楔式闸阀 Z15T-10	*DN*32	个	3	—
5	内螺纹暗杆楔式闸阀 Z15T-10	*DN*65	个	4	其中一个在管井内
6	楔式闸阀 Z41T-10	*DN*125	个	2	—
7	旋启式单瓣止回阀 H44T-10	*DN*125	个	2	—

【解】

分部分项工程和单价措施项目清单与计价表见表 2-45。

分部分项工程和单价措施项目清单与计价表 **表 2-45**

工程名称：某室内钢管阀门安装工程　　标段：　　第　页　共　页

序号	项目编号	项目名称	项目特征描述	计量单位	工程量	金额/元		
						综合单价	合价	其中
								暂估价
1	031003001001	螺纹阀门	内螺纹截止阀，J11X-10　*DN*25	个	6			
2	031003001002	螺纹阀门	内螺纹截止阀，J11X-10　*DN*32	个	6			
3	031003001003	螺纹阀门	内螺纹铜截止阀，J11X-10　*DN*25	个	8			
4	031003001004	螺纹阀门	内螺纹暗杆楔式闸阀，Z15T-10 *DN*32	个	3			
5	031003001005	螺纹阀门	内螺纹暗杆楔式闸阀，Z15T-10 *DN*65	个	3			
6	031003001006	螺纹阀门	内螺纹暗杆楔式闸阀，Z15T-10 *DN*65　管内	个	1			
7	031003003001	焊接法兰阀门	楔式闸阀，Z41T-10　*DN*125	个	2			
8	031003003002	焊接法兰阀门	旋启式单瓣止回阀，H44T-10 *DN*125	个	2			
合计								

【例 2-35】 某高压蒸汽入口安装图如图 2-41 所示，管道采用无缝钢管焊接，蒸汽管件采用焊接法兰连接，凝水管也采用法兰焊接连接，试计算蒸汽入口的工程量。

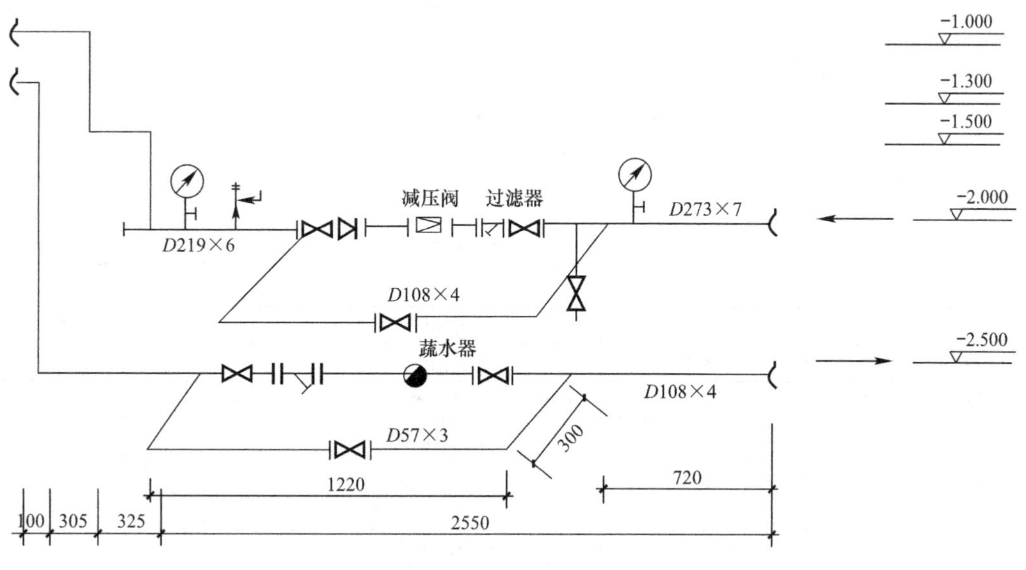

图 2-41　蒸汽入口安装图

【解】

1. 清单工程量

(1) 钢管

1) *D*273×7 无缝钢管（焊接）

$$工程量=\frac{0.72(长度)+1.22(长度)}{1(计算单位)}=1.94\text{m}$$

2）$D219\times6$ 无缝钢管（焊接）

工程量＝[(2.55－1.22－0.72)＋(0.325＋0.305＋0.1)](水平管)

＋[－1.0－(－2.0)](竖直管)

＝2.34m

3）$D108\times4$ 无缝钢管（焊接）

工程量＝[(1.22＋0.305×2)(旁通管长)＋(2.55＋0.325＋0.305＋0.1)

(水平管长)＋(－1.3－(－2.5))(竖直管长)]/1(计量单位)

＝6.31m

4）$D57\times3$ 无缝钢管（焊接）

工程量＝1.22＋0.305＋0.305＝1.83m

（2）焊接法兰阀

1）$DN250$ 焊接法兰阀

$$工程量=\frac{3(个数)}{1(计量单位)}=3个$$

2）$DN100$ 焊接法兰阀

$$工程量=\frac{3(个数)}{1(计量单位)}=3个$$

3）$DN50$ 焊接法兰阀

$$工程量=\frac{1(个数)}{1(计量单位)}=1个$$

（3）疏水器 $DN100$

$$工程量=\frac{1(组数)}{1(计量单位)}=1组$$

清单工程量计算见表 2-46。

清单工程量计算表 **表 2-46**

项目编号	项目名称	项目特征描述	计量单位	工程量
031001002001	钢管	$D273\times7$ 无缝钢管（焊接）	m	1.94
031001002002	钢管	$D219\times6$ 无缝钢管（焊接）	m	2.34
031001002003	钢管	$D108\times4$ 无缝钢管（焊接）	m	6.31
031001002004	钢管	$D57\times3$ 无缝钢管（焊接）	m	1.83
031003003001	焊接法兰阀	$DN250$ 焊接法兰阀	个	3
031003003002	焊接法兰阀	$DN100$ 焊接法兰阀	个	3
031003003003	焊接法兰阀	$DN50$ 焊接法兰阀	个	1
031003007001	疏水器	$DN100$	组	1

2. 定额工程量

（1）无缝钢管（焊接）

1）$D273\times7$，无缝钢管（焊接）

计量单位：10m

$$工程量=\frac{0.72+1.22(长度)}{10(计量单位)}=0.194$$

套用《全国统一安装工程预算定额（第八册）》GYD—208—2000：8-32

基价：304.24 元；其中人工费 51.32 元，材料费 142.75 元，机械费 110.17 元。

2）$D219\times6$，无缝钢管（焊接）

计量单位：10m

$$工程量=\frac{[(2.55-1.22-0.72)+(0.325+0.305+0.1)](水平管)+[-1.0-(-2.0)](竖直管)}{10(计量单位)}$$

$$=0.234$$

套用《全国统一安装工程预算定额（第八册）》GYD—208—2000：8-31

基价：239.33 元；其中人工费 43.42 元，材料费 117.12 元，机械费 78.79 元

3）$D108\times4$，无缝钢管

计量单位：10m

$$\begin{aligned}工程量 &=(1.22+0.305\times2)(旁通管长)+(2.55+0.325+0.305+0.1)\\&\quad(水平管长)+[-1.3-(-2.5)(竖直管长)]/10(计量单位)\\&=0.631\end{aligned}$$

套用《全国统一安装工程预算定额（第八册）》GYD—208—2000：8-28

基价：61.09 元；其中人工费 27.86 元，材料费 20.38 元，机械费 12.85 元。

4）$D57\times3$，无缝钢管（焊接）

计量单位：10m

$$工程量=\frac{(1.22+0.305\times2)(长度)}{10(计量单位)}=0.183$$

套用《全国统一安装工程预算定额（第八册）》GYD—208—2000：8-25

基价：28.78 元；其中人工费 19.97 元，材料费 6.82 元，机械费 1.99 元

（2）焊接法兰阀

1）*DN*250 法兰阀门

计量单位：个

$$工程量=\frac{3(个数)}{1(计量单位)}=3$$

套用《全国统一安装工程预算定额（第八册）》GYD—208—2000：8-265

基价：588.29 元；其中人工费 54.10 元，材料费 469.60 元，机械费 64.59 元

2）*DN*100 法兰阀门

计量单位：个

$$工程量=\frac{3(个数)}{1(计量单位)}=3$$

套用《全国统一安装工程预算定额（第八册）》GYD—208—2000：8-261

基价：189.26 元；其中人工费 21.59 元，材料费 154.79 元，机械费 12.88 元

3）*DN*50 法兰阀门

计量单位：个

$$工程量 = \frac{1(个数)}{1(计量单位)} = 1$$

套用《全国统一安装工程预算定额（第八册）》GYD—208—2000：8-258

基价：100.25 元；其中人工费 11.38 元，材料费 82.67 元，机械费 6.20 元

（3）疏水器 $DN100$

计量单位：组

$$工程量 = \frac{1(组数)}{1(计量单位)} = 1$$

套用《全国统一安装工程预算定额（第八册）》GYD—208—2000：8-356

基价：1759.40 元；其中人工费 72.45 元，材料费 1668.67 元，机械费 18.28 元

【例 2-36】 某采暖系统的供水干管由地下敷设管接入，地下阀门采用焊接法兰阀闸阀控制开阀，地上阀门采用螺纹法兰阀闸阀控制，供水接口示意图如图 2-42 所示，试计算其工程量。

【解】

1. 清单工程量

（1）$DN125$ 焊接法兰阀

$$工程量 = \frac{1(个数)}{1(计量单位)} = 1 个$$

（2）$DN40$ 螺纹法兰阀

$$工程量 = \frac{1(个数)}{1(计量单位)} = 1 个$$

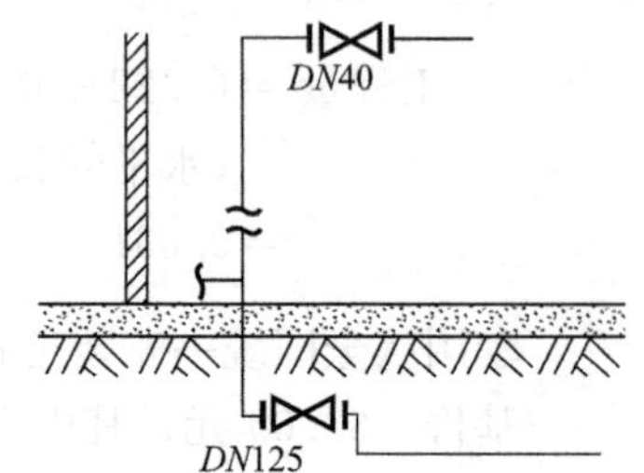

图 2-42　供水接口示意图

2. 定额工程量

（1）$DN125$ 焊接法兰阀

计量单位：个

$$工程量 = \frac{1(个数)}{1(计量单位)} = 1$$

套用《全国统一安装工程预算定额（第八册）》GYD—208—2000：8-262

基价：242.17 元；其中人工费 27.63 元，材料费 201.18 元，机械费 13.16 元。

（2）$DN40$ 螺纹法兰阀

计量单位：个

$$工程量 = \frac{1(个数)}{1(计量单位)} = 1$$

套用《全国统一安装工程预算定额（第八册）》GYD—208—2000：8-254

基价：54.92 元；其中人工费 11.38 元，材料费 43.54 元。

【例 2-37】 减压器安装如图 2-43 所示，试计算其工程量。

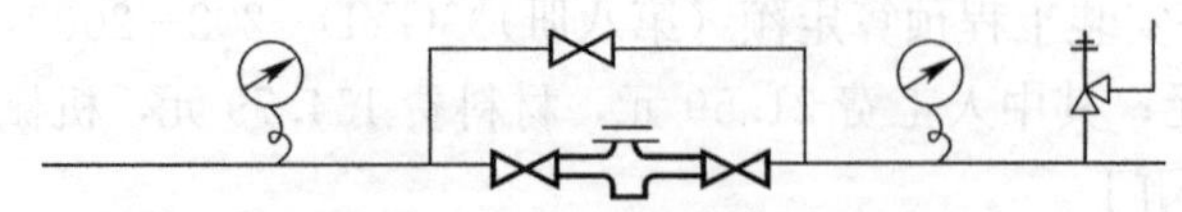

图 2-43　活塞式减压器安装

【解】

减压器安装工程量按设计图示数量计算。

$$活塞式减压器安装 = 1组$$

清单工程量计算见表 2-47。

清单工程量计算表 **表 2-47**

项目编号	项目名称	项目特征描述	计量单位	工程量
031003006001	减压器	活塞式减压器，焊接连接	组	1

【例 2-38】 某方形补偿器如图 2-44 所示，方形补偿器所在管道为 *DN*50 的焊接钢管，管道长度为 120m，管道在室内安装，螺纹连接。试计算该管道工程量。

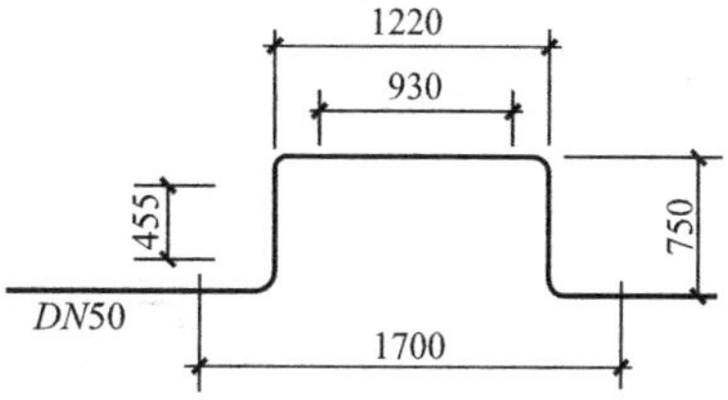

图 2-44 方形补偿器

【解】

1. 清单工程量

（1）方形补偿器 *DN*50（伸缩器）

$$工程量 = 1个$$

（2）焊接钢管 *DN*50

$$工程量 = 120 + 0.75(方形补偿器臂长) \times 2 = 121.5\text{m}$$

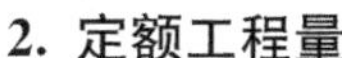

2. 定额工程量

（1）方形补偿器制作安装

与补偿器连接的是 *DN*50 的焊接钢管，套用《全国统一安装工程预算定额（第八册）》GYD—208—2000：8-219

计量单位：个

$$工程量 = 1/1(计量单位) = 1$$

基价：59.40 元；其中人工费 22.29 元，材料费 20.43 元，机械费 16.68 元

注意：方形补偿器所占长度应包含在管道安装长度内，其所占管道长度为：

$$[1700 + 750(臂长) \times 2]\text{mm} = 3200\text{mm} = 3.2\text{m}$$

（2）焊接钢管（螺纹连接）*DN*50

套用《全国统一安装工程预算定额（第八册）》GYD—208—2000：8-103

计量单位：10m

$$\begin{aligned}工程量 &= [120 + 0.75(方形补偿器臂长) \times 2]/10(计量单位) \\ &= 121.5/10 \\ &= 12.15\end{aligned}$$

基价：101.55 元；其中人工费 62.23 元，材料费 36.06 元，机械费 3.26 元。

【例 2-39】 已知某给水排水工程安装了 1 组 *DN*32 螺纹水表，如图 2-45 所示。试计算其清单工程量和定额工程量（不含主材费）。

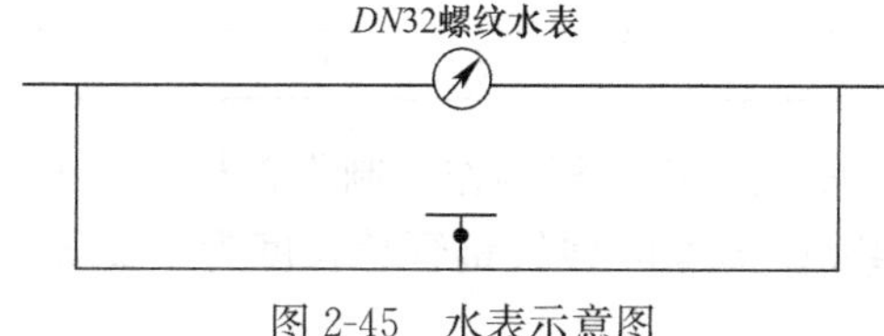

图 2-45 水表示意图

【解】

1. 清单工程量

*DN*32 法兰水表　　计量单位：组　　工程量：1

2. 定额工程量

*DN*32 法兰水表　　计量单位：组　　工程量：1

套用《全国统一安装工程预算定额（第八册）》GYD—208—2000：8-360

基价 29.84 元；其中人工费 13.00 元，材料费 16.84 元。

【例 2-40】 某变频给水设备水泵功率为 4HP，水泵最大流量为 150L/min，当系统压力低于 2.2bar 时，水泵自动启动；当系统压力达到 7.0bar 时，水泵自动停机，气压罐预充压力为 2bar，选用 1 台气压罐，型号为 Y293-T5，图 2-46 所示为气压罐工作原理图，试计算其工程量。

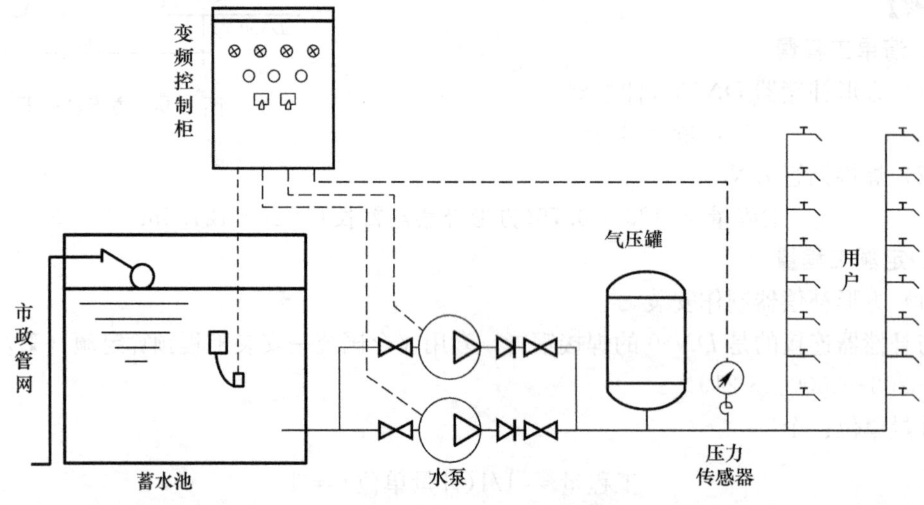

图 2-46　气压罐工作原理图

【解】

根据工程量计算规则，变频给水设备工程量及气压罐工程量均按设计图示数量计算。

变频给水设备工程量 = 1 套

气压罐工程量 = 1 台

清单工程量计算结果见表 2-48。

清单工程量计算表　　**表 2-48**

项目编码	项目名称	项目特征描述	计量单位	工程量
031006001001	变频给水设备	水泵功率 4HP，最大流量 150L/min，压力范围 2.2～7.0bar	套	1
031006004001	气压罐	型号 Y293—T5	台	1

【例 2-41】 某水箱安装示意图如图 2-47 所示，水箱采用钢板制作，制作钢板 620kg，水箱面积约为 50m²。*DN*50 镀锌钢管总长度为 7.45m，*DN*40 镀锌钢管总长度为 4.23m。试计算其清单工程量。

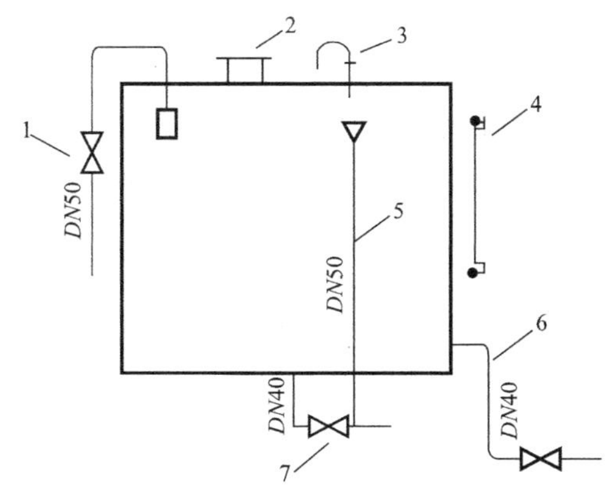

图 2-47　水箱安装示意图

1—水位控制阀；2—人孔；3—通气管；4—浮标液面计；5—溢水管；6—出水管；7—泄水管

【解】

1. 清单工程量

水箱　1 台

*DN*50 镀锌钢管　7.45m

*DN*50 阀门　1 个

*DN*40 镀锌钢管　4.23m

*DN*40 阀门　2 个

浮标液面计　1 组

清单工程量计算见表 2-49。

清单工程量计算表　　　　**表 2-49**

项目编码	项目名称	项目特征描述	计量单位	工程量
031006015001	水箱	钢板制作	台	1
031001001001	镀锌钢管	*DN*50	m	7.45
031001001002		*DN*40	m	4.23
031003001001	螺纹阀门	*DN*50	个	1
031003001002		*DN*40	个	2
031003016001	浮标液面计	—	组	1

2. 定额工程量

(1) 钢板水箱制作

计量单位：100kg　　工程量：6.2

套用《全国统一安装工程预算定额（第八册）》GYD—208—2000：8-538

基价：477.85 元；其中人工费 51.32 元，材料费 402.92 元，机械费 23.61 元。

(2) *DN*50 镀锌钢管

计量单位：10m　　工程量：0.745

套用《全国统一安装工程预算定额（第八册）》GYD—208—2000：8-92

基价：111.93 元；其中人工费 62.23 元，材料费 46.84 元，机械费 2.86 元。

(3) *DN*40 镀锌钢管

计量单位：10m　　工程量：0.423

套用《全国统一安装工程预算定额（第八册）》GYD—208—2000：8-91

基价：93.85 元；其中人工费 60.84 元，材料费 31.98 元，机械费 1.03 元。

(4) 刷油工程量

计量单位：$10m^2$　　工程量：5

套用《全国统一安装工程预算定额（第八册）》GYD—208—2000：8-89

基价：10.64 元；其中人工费 6.27 元，材料费 4.37 元。

(5) *DN*50 螺纹阀门

计量单位：个　　工程量：1

套用《全国统一安装工程预算定额（第八册）》GYD—208—2000：8-246

基价：15.06 元；其中人工费 5.80 元，材料费 9.26 元。

(6) *DN*40 螺纹阀门

计量单位：个　　工程量：2

套用《全国统一安装工程预算定额（第八册）》GYD—208—2000：8-254

基价：50.92 元；其中人工费 11.38 元，材料费 43.54 元。

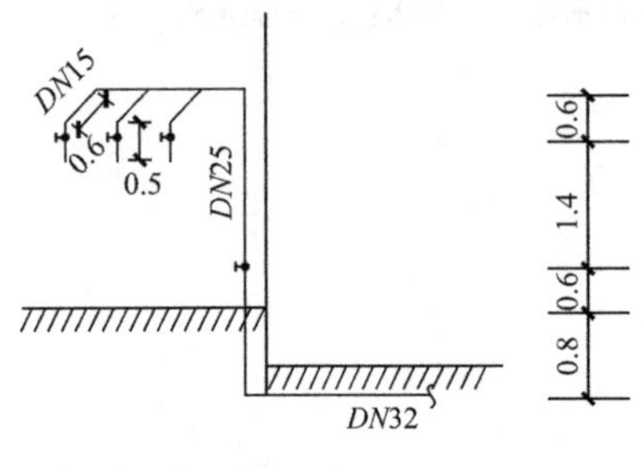

图 2-48　室内某给水系统图

【例 2-42】 已知室内某给水系统图如图 2-48 所示，室内外管道界线为 1.5m，室内立管中心线至内墙皮之间的距离为 0.5m，试计算其定额与清单工程量。

【解】

1. 定额工程量

(1) 管道工程量

1) *DN*32

工程量 ＝1.5(室内外管道界线) ＋0.3(砖墙厚度)
＋0.5(室内立管中心线至内墙皮之间的距离)
＋0.8(室内埋地部分高度) ＋0.6(室内明装部分长度)
＝3.7m

2) *DN*25

工程量＝1.4＋0.6＝2.0m

3) *DN*15

工程量＝0.8×3＋0.6×3＋0.5×3＝5.7m

(2) 管道附件

截止阀 *DN*32　1 个　*DN*15　3 个

(3) 管道套管

*DN*32　选用 *DN*40　镀锌铁皮套管　2 个

2. 清单工程量

(1) 管道工程量

1) $DN32$

工程量=3.7m

2) $DN25$

工程量=2.0m

3) $DN15$

工程量=5.7m

(2) 管道附件

螺纹阀 $DN32$ 工程量=1 个

$DN15$ 工程量=3 个

清单工程量计算见表 2-50。

清单工程量计算表 **表 2-50**

序号	项目编码	项目名称	项目特征描述	计量单位	工程量
1	031001001001	镀锌钢管	室内给水工程，螺纹连接，镀锌钢管 $DN32$	m	3.7
2	031001001002	镀锌钢管	室内给水工程，螺纹连接，镀锌钢管 $DN25$	m	2.0
3	031001001003	镀锌钢管	室内给水工程，螺纹连接，镀锌钢管 $DN15$	m	5.7
4	031003001001	螺丝阀门	螺纹阀，$DN32$	个	1
5	031003001002	螺丝阀门	螺纹阀，$DN15$	个	3

【例 2-43】 已知某学校食堂给水管道平面图如图 2-49 所示，给水系统图如图 2-50 所示，给水管道采用镀锌钢管，螺纹连接，埋地立管总长度为 1.6m，埋地水平管总长度为 4.5m，明装立管总长度为 0.5m，明装水平管总长度为 6.8m。管道保温采用细玻璃棉壳材料厚 10mm，外缠玻璃布保护层厚 3mm，埋地部分管道刷两遍红丹防锈漆，试计算管道定额与清单工程量。

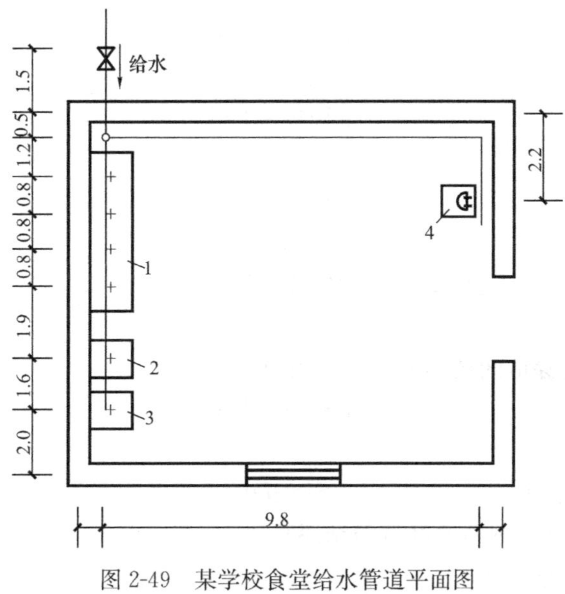

图 2-49 某学校食堂给水管道平面图

1—洗菜槽；2、3—洗涤盆；4—洗脸盆

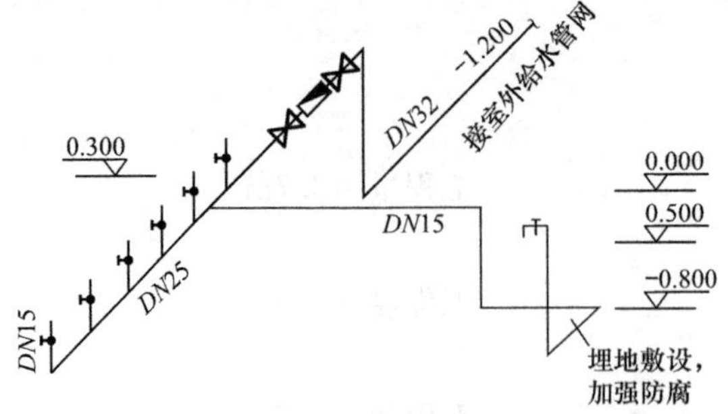

图 2-50　某学校食堂给水管道安装系统图

【解】

1. 定额工程量

（1）管道安装工程量

1）*DN*32

工程量 = 1.5(详见平面图) + 0.5(详见平面图) + 0 − (−1.2) = 3.2m

2）*DN*25

工程量 = 1.2 + 0.7 × 3 + 1.9 + 1.6(详见平面图) = 6.8m

3）*DN*15

工程量= (0.3 − 0) × 6(详见系统图) + 9.8(详见平面图) + 0 − (− 0.8) + (0.5 + 0.8) + (2.2 − 0.5) = 15.4m

（2）管道附件

1）截止阀 *DN*32

工程量=2 个

2）截止阀 *DN*15

工程量=7 个

3）螺纹水表 *DN*32

工程量=1 组

4）水龙头 *DN*15

工程量=7 个

（3）管道套管

1）给水管进户 *DN*32 选用 *DN*40 镀锌铁皮套管

工程量=1 个

2）洗脸盆侧立管穿地面选用 *DN*25 镀锌铁皮套管

工程量=1 个

（4）管道除锈刷油

刷油工程量计算公式：　　$S=\pi DL$

1）*DN*32（埋地部分刷两遍红丹防锈漆）

① 红丹防锈漆一遍：

$$S=3.14\times0.032\times3.2=0.32\text{m}^2$$

② 红丹防锈漆二遍：

$$S=0.32\text{m}^2$$

2）$DN25$（明装）防腐漆一道

$$S=\pi DL=3.14\times 0.025\times 6.8=0.53\text{m}^2$$

刷银粉面漆一道　　　　　　$S=0.53\text{m}^2$

刷银粉面漆二道　　　　　　$S=0.53\text{m}^2$

3）$DN15$

① 埋地部分：

a. 红丹防锈漆一遍：

$$S=\pi DL=3.14\times 0.015\times[1.6(\text{埋地立管总长度})+4.5(\text{埋地水平管总长度})]=0.26\text{m}^2$$

b. 刷红丹二遍：

$$S=0.26\text{m}^2$$

② 明装部分：

a. 防腐漆一道：

$$S=\pi DL=3.14\times 0.015\times[6.8(\text{明装水平管总长度})+0.3\times 6+0.5(\text{明装立管总长度})]=0.43\text{m}^2$$

b. 刷二银：

$$S=0.43\text{m}^2$$

（5）管道保温

1）计算保温工程量

保温材料细玻璃棉壳保温层厚度 10mm

保温工程量：　　　　$V=\pi(D+1.033\delta)\times 1.033\delta\times L$

① $DN32$：

$$V_1=3.14\times(0.032+1.033\times 0.01)\times 1.033\times 0.01\times 3.2=0.0044\text{m}^3$$

② $DN25$：

$$V_2=3.14\times(0.025+1.033\times 0.01)\times 1.033\times 0.01\times 6.8=0.0078\text{m}^3$$

③ $DN15$：

$$V_3=3.14\times(0.015+1.033\times 0.01)\times 1.033\times 0.01\times 15.4=0.0127\text{m}^3$$

总保温工程量：$V=V_1+V_2+V_3=0.0044+0.0078+0.0127=0.0249\text{m}^3$

2）计算保护层工程量

保护层厚度 3mm

保护层工程量：$S=\pi\times(D+2.1\delta+0.0082)\times L$

① $DN32$：

$$S_1=3.14\times(0.032+0.02+2.1\times 0.003+0.0082)\times 3.2=0.668\text{m}^2$$

② $DN25$：

$$S_2 = 3.14 \times (0.025 + 0.02 + 2.1 \times 0.003 + 0.0082) \times 6.8 = 1.27\text{m}^2$$

③ $DN15$：

$$S_3 = 3.14 \times (0.015 + 0.02 + 2.1 \times 0.003 + 0.0082) \times 15.4 = 2.394\text{m}^2$$

保护层总工程量　$S=S_1+S_2+S_3=0.668+1.27+2.394=4.332\text{m}^2$

2. 清单工程量

清单工程量计算见表 2-51。

清单工程量计算表　　**表 2-51**

序号	项目编码	项目名称	项目特征描述	计量单位	工程量
1	031001001001	镀锌钢管	给水系统，螺纹连接，埋地刷二丹，镀锌钢管 *DN*32	m	3.2
2	031001001002	镀锌钢管	给水系统，螺纹连接，明装刷一丹二银，镀锌钢管 *DN*25	m	6.8
3	031001001003	镀锌钢管	给水系统，螺纹连接，明装刷一丹二银，埋地刷二丹，镀锌钢管 *DN*15	m	15.4
4	031003001001	螺纹阀门	螺纹阀门 *DN*32	个	1
5	031003001002	螺纹阀门	螺纹阀门 *DN*15	个	7
6	031004014001	水龙头	水龙头 *DN*15	个	7
7	031003013001	水表	螺纹水表 *DN*32	组	1

【例 2-44】 某学校女卫生间给排水管道安装平面图如图 2-51 所示，其系统图如图 2-52 所示。已知该卫生间室内外管线分界点距离为 1.7m，外墙厚度为 0.37m，内墙厚度为 0.25m，给水管管材采用给水承插铸铁管，*DN*65 立管中心距内墙皮的距离为 0.3m，*DN*50 立管中心距内墙皮的距离为 0.04m，石棉水泥接口，管道外刷面漆两道，对管道进行消毒冲洗，试计算其工程量。

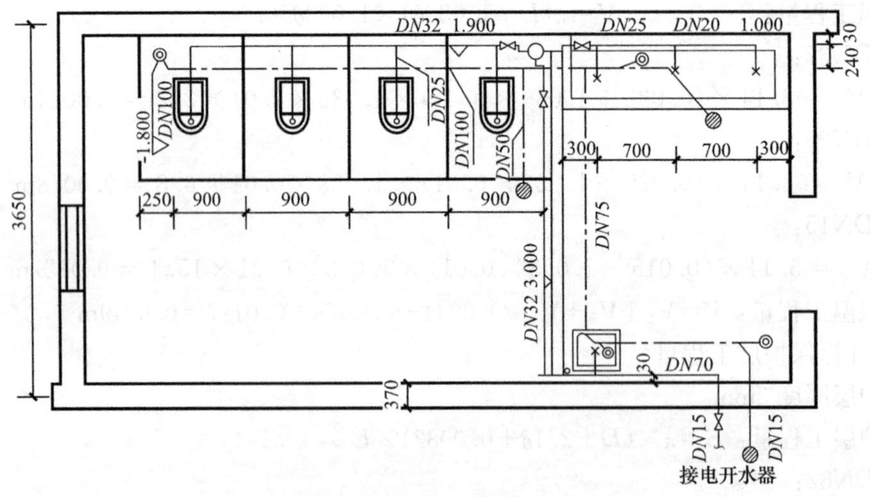

图 2-51　某女卫生间给排水管道布置平面图

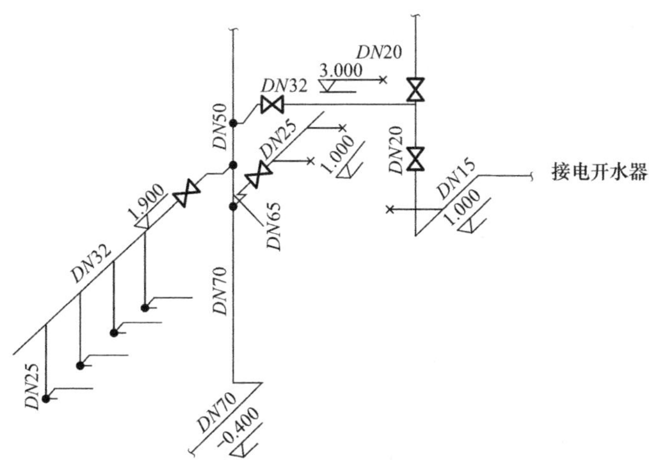

图 2-52　某女卫生间给水管道布置系统图

【解】

1. 定额工程量

（1）管道安装工程量

1）*DN*70

① 埋地水平部分：

工程量=[1.7(室内外管线分界点)+0.3]=2.0m

② 埋地立管部分：

工程量=0.4m

③ 明装立管部分：

工程量=1m

2）*DN*65（立管）

工程量=0.9m

3）*DN*50（立管）

工程量=1.1m

4）*DN*32

① 大便器一侧：

工程量 =[0.9－0.3(*DN*65 立管中心距内墙皮的距离)－0.065/2(*DN*65 立管管径的一半)＋0.9×2(两个大便器中心的间距)＋0.9－0.25(脚踏式冲洗阀到大便器外边缘的距离)]
=2.92m

② 墩布池一侧：

工程量 =[3.65－0.37(外墙厚度)－0.04(*DN*50 立管中心距内墙皮之间的距离)]－0.05/2－0.03(*DN*32 管中心距内墙皮的距离)
=3.33m

5）*DN*25

① 盥洗槽：

工程量 =[0.7(详见平面图) + 0.3 + 0.25(内墙厚度)
+ 0.3($DN65$ 立管距内墙皮的距离)]
=1.55m

② 大便器支管：

工程量=1.0×4=4m(给水水平管与支管交点处至阀门之间的距离)

$DN25$ 管长总计：1.55+4=5.55m

6) $DN20$

① 盥洗槽：

工程量=0.7+0.24=0.94m

② 墩布池侧：

工程量=[3.0−1.0+1.0(水平管总计)]=3m

$DN20$ 管长总计：3.94m

7) $DN15$

工程量=2m(墩布池给水支管与干管交点处和阀门之间距离总计)

(2) 管道附件

1) 截止阀

$DN32$　2个

$DN25$　1个

$DN20$　1个

2) 大便器

工程量=4套

3) 高位水箱

工程量=4个

4) 墩布池

工程量=1组

(3) 管道冲洗、消毒

1) 生活给水管一般用漂白粉消毒，用量一般按每升水中含25mg游离氯来计算，漂白粉以含有的有效氯25%计算。

即漂白粉用量公式为 $\frac{25}{25\%}$mg/L=100mg/L

也就是说每立方米的消毒用水量需0.1kg漂白粉，再加上损耗，则需要0.105kg/m^3。

2) 消毒用水量公式为 $Q=WL$

$W=\frac{1}{4}\pi D^2$ (m^2) 为管子横断面积，

D 为管内径 (m)，L 为管长 (m)

$DN70$ 消毒用水量 $Q=0.013m^3$

$DN65$ 消毒用水量 $Q=0.003m^3$

$DN50$ 消毒用水量 $Q=0.002m^3$

$DN32$ 消毒用水量 $Q=0.005m^3$

*DN*25 消毒用水量 Q=0.003m³

*DN*20 消毒用水量 Q=0.001m³

*DN*15 消毒用水量 Q=0.0004m³

总共所需消毒水量 Q=0.0274m³

则漂白粉用量为：0.105kg/m³×0.0274m³=0.0027kg

3）冲洗用水量。

冲洗水量常用数据：冲洗流速 v=2m/s，冲洗时间 t=30min=1800s（含预先冲洗和消毒后的冲洗时间），则公式 $Q=\frac{1}{4}\pi D^2 vt/L$

*DN*70 冲洗用水量 Q=4.07m³

*DN*65 冲洗用水量 Q=13.27m³

*DN*50 冲洗用水量 Q=6.42m³

*DN*32 冲洗用水量 Q=0.46m³

*DN*25 冲洗用水量 Q=0.32m³

*DN*20 冲洗用水量 Q=0.29m³

*DN*15 冲洗用水量 Q=0.32m³

则冲洗总用水量：Q=4.07+13.27+6.42+0.46+0.32+0.29+0.32=25.15m³

以上消毒与冲洗用水量之和：Q=0.0274+25.15=25.18m³

2. 清单工程量

清单工程量计算见表 2-52。

清单工程量计算表　　　　表 2-52

序号	项目编码	项目名称	项目特征描述	计量单位	工程量
1	031001005001	承插铸铁管	*DN*70，给水系统，石棉水泥接口，管道外刷面漆两道，用漂白粉消毒，并冲洗	m	3.4
2	031001005002	承插铸铁管	*DN*65，给水系统，石棉水泥接口，管道外刷面漆两道，用漂白粉消毒，并冲洗	m	0.9
3	031001005003	承插铸铁管	*DN*50，给水系统，石棉水泥接口，管道外刷面漆两道，用漂白粉消毒，并冲洗	m	1.1
4	031001005004	承插铸铁管	*DN*32，给水系统，石棉水泥接口，管道外刷面漆两道，用漂白粉消毒，并冲洗	m	6.25
5	031001005005	承插铸铁管	*DN*25，给水系统，石棉水泥接口，管道外刷面漆两道，用漂白粉消毒，并冲洗	m	5.55
6	031001005006	承插铸铁管	*DN*20，给水系统，石棉水泥接口，管道外刷面漆两道，用漂白粉消毒，并冲洗	m	3.94
7	031001005007	承插铸铁管	*DN*15，给水系统，石棉水泥接口，管道外刷面漆两道，用漂白粉消毒，并冲洗	m	2
8	031004006001	大便器	蹲式，瓷高水箱，脚踏式冲阀	组	4
9	031004003001	洗脸盆	冷水	组	3
10	031003001001	螺纹阀门	截止阀 *DN*32	个	2
11	031003001002	螺纹阀门	截止阀 *DN*25	个	1
12	031003001003	螺纹阀门	截止阀 *DN*20	个	1

【例 2-45】 某学校教学综合楼地上 5 层，生活给水由校内生活给水管网直接供给，室内给水管材采用镀锌钢管，连接方式采用螺纹连接明装，管道外刷面漆二道，给水管道穿越门洞的横管需作保温，防结露处理，保温材料为 20mm 厚难燃塑料类保温材料，外缠生丝带，给水入户管穿墙采用柔性防水套管。室内排水管道采用承插铸铁管，石棉水泥接口。室内外管线分界点距离为 1.5m，外墙厚度为 0.37m，内墙厚度为 0.24m，排出管穿墙采用柔性防水套管。如图 2-53 所示为给排水管道布置平面图，如图 2-54 所示为给水系统图与排水系统图。给水立管分为两根，排水立管 1 根。

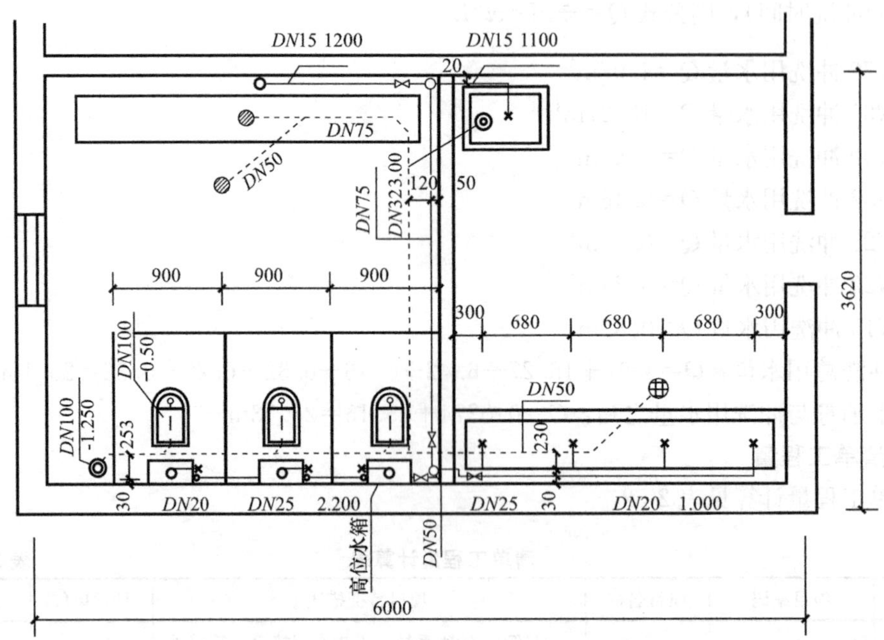

图 2-53 男卫生间给排水管道布置平面图

试计算其工程量（男卫生间）。

【解】

1. 定额工程量

(1) 管道安装工程量计算（给水系统）镀锌钢管

1) *DN*50

① 埋地：

工程量 =1.5(室内外管线分界) + 0.37(外墙厚度) + 0.03(*DN*50 立管与墙内表面之间的距离) + 0.5 立管标高，参见系统图)
=2.4m

② 立管明装：

工程量=3.8×3=11.4m

2) *DN*32

① 水平管：

工程量=3.62−0.03−0.02=3.57m

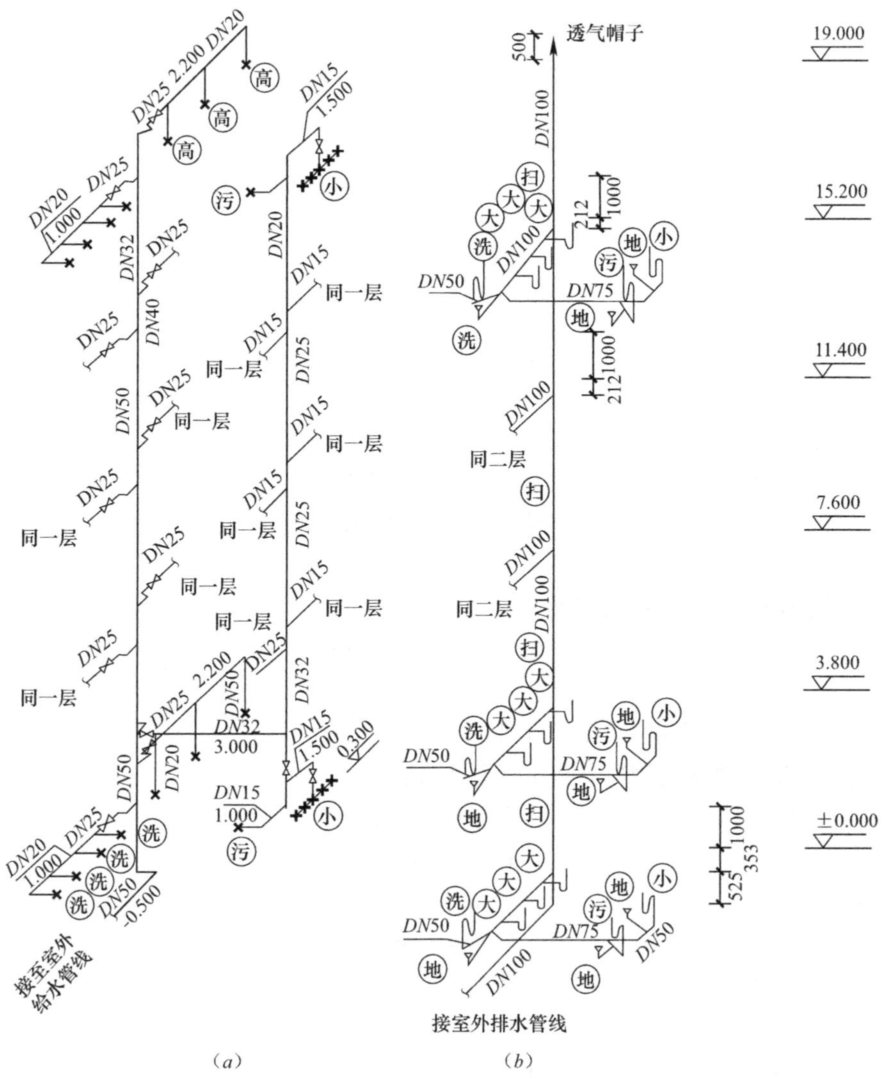

图 2-54　给排水系统图

(a) 给水系统图；(b) 排水系统图

共五层，且每层的给水管道布置形式相同，因此 DN32 水平管总长为：

3.57×5=17.85m

② 立管：

工程量=3.8+1−1.5(参见系统图)+(15.2+1)−(11.4+2.2)=5.9m

3) DN25

① 水平管：

工程量 =[0.9−0.05+0.9−0.25(高位水箱宽度的一半)−0.9/2
+0.24(内墙厚度)+0.3+0.68+0.68

=2.95m

每层的给水管道布置形式相同，且共有五层，则 DN25 水平管的总长为：

2.95×5=14.75m

② 立管：

工程量＝11.4＋1－(3.8＋1.5)＝7.1m（参见系统图）

4）*DN*20

① 水平管：

工程量＝0.9/2＋0.25＋0.9/2(参见平面图)＋0.68＝1.83m

每层的 *DN*20 给水管道布置形式相同，且共有五层，则 *DN*20 水平管的总长为：

1.83×5＝9.5m

② 立管：

工程量＝1×3×5＝15m

5）*DN*15

① 水平：

工程量 ＝0.9 ＋0.9/2 ＋0.24(内墙厚度)
＋1.1(污水池中心至内墙内表面之间的净距) ＋0.5
＝3.50m

共 5 层则 *DN*15 水平管总长为：

3.50×5＝17.50m

② 立管：

工程量＝(1.5－1.1)×5＋(1.5－1.2)×5＝3.5m

6）给水管道（镀锌钢管）安装工程量小计：

*DN*50（埋地） 工程量＝2.4m
*DN*50（明装） 工程量＝11.4m
*DN*32（水平） 工程量＝17.85m
*DN*32（立管） 工程量＝5.9m
*DN*25（水平） 工程量＝14.75m
*DN*25（立管） 工程量＝7.1m
*DN*20（水平） 工程量＝9.5m
*DN*20（立管） 工程量＝15m
*DN*15（水平） 工程量＝17.50m
*DN*15（立管） 工程量＝3.5m

(2) 排水系统承插铸铁管

1）*DN*100

① 埋地：

工程量＝1.5(室内外管线分界)＋0.525＋0.353＝2.378m

② 明装立管：

工程量＝19.0(立管标高)＋0.5＝19.5m

③ 明装水平管：

工程量＝0.9－0.12＋0.9×2＋0.3(参见平面图)＝2.88m

共五层且每层管道安装形式相同则 *DN*100 明装水平管总长度为：

2.88×5m＝14.4m

④ 连接大便器：

工程量=0.5×3×5=7.5m

2）*DN*75（水平部分）

工程量=3.62−0.03−0.253−0.02−0.5=2.817m

则 *DN*75 水平部分总长度为：2.817×5=14.085m

3）*DN*50

① 连接洗手池：

工程量=0.12+0.24+0.3+0.68+0.68=2.02m

② 连接污水池：

工程量=0.8(参考施工图)+0.5=1.3m

③ 连接小便槽与地漏：

工程量=0.5+1.5=2.0m

*DN*50 每层总长度为：　2.02+1.3+2.0=5.32m

则整个系统中 *DN*50 的总长度为：5.32×5=26.6m

4）排水系统承插铸铁管工程量小计

① *DN*100（埋地）　工程量=2.378m

② *DN*100（明装）　工程量=19.5+14.4+7.5=41.4m

③ *DN*75（水平）　工程量=14.085m

④ *DN*50　工程量=26.6m

（3）给水设备及管件

1）水表

*DN*50　1 个（给水管入户总水表）

*DN*25　1 个（每户 1 个）×5=5 个

2）螺纹阀门

截止阀 *DN*50　1 个（给水管入户处）

截止阀 *DN*25　2 个（每层卫生间分支管处）×5=10 个

截止阀 *DN*32　1 个（小便槽侧给水支管）×5=5 个

3）水龙头

*DN*15　1 个（污水池）×5=5 个

*DN*20　4 个（洗手池）×5=20 个

4）高位水箱蹲式大便器

3 套(每层卫生间)×5=15 套

5）DN50 地漏

2 个(每层卫生间)×5=10 个

6）地面扫除口 *DN*100

1 个(每层卫生间)×5=5 个

（4）管道刷油

1）给水管道刷银粉二道，其表面积工程量为：

① $DN50$

$$S=3.14\times0.05\times11.4=1.79\text{m}^2$$

② $DN32$

$$S=3.14\times0.032\times(17.85+5.9)=2.39\text{m}^2$$

③ $DN25$

$$S=3.14\times0.025\times(14.75+7.1)=1.72\text{m}^2$$

④ $DN20$

$$S=3.14\times0.02\times(9.5+15)=1.54\text{m}^2$$

⑤ $DN15$

$$S=3.14\times0.02\times(17.5+3.5)=1.32\text{m}^2$$

给水管道刷银粉的总工程量 $S=8.76\text{m}^2$

2）排水铸铁管刷沥青二道，其表面积工程量为

① $DN100$

$$S=3.14\times0.1\times2.378=0.75\text{m}^2$$

② $DN100$

$$S=3.14\times0.1\times41.4=13.0\text{m}^2$$

③ $DN75$

$$S=3.14\times0.075\times14.085=3.32\text{m}^2$$

④ $DN50$

$$S=3.14\times0.05\times26.6=4.18\text{m}^2$$

排水管道刷沥青的总工程量为 21.25m²

(5) 支架

*DN*50　11.4/3=4 个

*DN*32　(17.85+5.9)/3=8 个

*DN*25　(14.75+7.1)/3=8 个

*DN*20　(9.5+15)/3=9 个

*DN*15　(17.5+3.5)/3=7 个

*DN*100　41.4/3=14 个

不保温单管托架用料表：

管道支架 *DN*20　0.49kg/个×9=4.41

管道支架 *DN*25　0.6kg/个×8=4.8kg

管道支架 *DN*32　0.99kg/个×8=7.92kg

管道支架 *DN*50　1.02kg/个×4=4.08kg

管道支架 *DN*100　1.95kg/个×14=27.3kg

2. 清单工程量

清单工程量计算见表 2-53。

清单工程量计算表　　表 2-53

序号	项目编码	项目名称	项目特征描述	计量单位	工程量
1	031001001001	镀锌钢管	*DN*50 给水系统，埋地刷沥青二道，明装刷面漆二道，管道消毒冲洗	m	13.8
2	031001001002	镀锌钢管	*DN*32 室内给水工程，螺纹连接	m	23.75
3	031001001003	镀锌钢管	*DN*25 室内给水工程，螺纹连接	m	21.85
4	031001001004	镀锌钢管	*DN*20 室内给水工程，螺纹连接	m	24.5
5	031001001005	镀锌钢管	*DN*15 室内给水工程，螺纹连接	m	21
6	031001005001	铸铁管	*DN*100 室内排水工程，石棉水泥接口	m	43.78
7	031001005002	铸铁管	*DN*75 室内排水工程，石棉水泥接口	m	14.09
8	031001005003	铸铁管	*DN*50 室内排水工程，石棉水泥接口	m	26.6
9	031003001001	螺纹阀门	*DN*50	个	1
10	031003001002	螺纹阀门	*DN*32	个	5
11	031003001003	螺纹阀门	*DN*25	个	10
12	031004006001	大便器	高位水箱，蹲式	组	15
13	031004014001	地漏	地漏 *DN*50	个	10
14	031004014002	地面扫出口	*DN*100	个	5
15	031003013001	水表	*DN*50	组	1
16	031003013002	水表	*DN*25	组	5

【例 2-46】 某除污器安装在用户入口供水总管上，如图 2-55 所示，试计算其工程量。

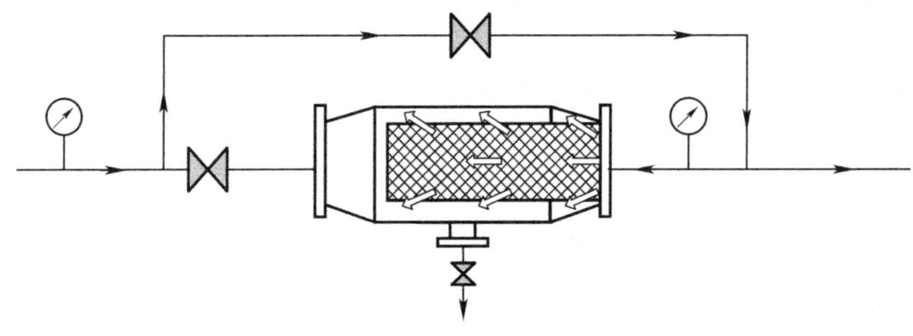

图 2-55　除污器

【解】

除污器（过滤器）清单工程量按设计图示数量计算。

除污器安装工程量＝1 组

清单工程量计算见表 2-54。

清单工程量计算表　　表 2-54

项目编号	项目名称	项目特征描述	计量单位	工程量
031003008001	除污器	直角式除污器	组	1

3 卫生器具与供暖器具安装手工算量与实例精析

3.1 卫生器具与供暖器具安装工程量手算方法

3.1.1 卫生器具

1. 浴缸

(1) 清单工程量

1) 计算公式

$$浴缸工程量 = 图示数量 \quad (组)$$

2) 计算规则及说明

① 成品浴缸项目中的附件安装，主要指给水附件包括水嘴、阀门、喷头等。

② 浴缸支座和浴缸周边的砌砖、瓷砖粘贴，应按现行国家标准《房屋建筑与装饰工程工程量计算规范》GB 50854—2013 相关项目编码列项；功能性浴缸不含电机接线和调试，应按《通用安装工程工程量计算规范》GB 50856—2013 附录 D 电气设备安装工程相关项目编码列项。

③ 浴缸清单工程量按设计图示数量计算。

(2) 定额工程量

1) 计算公式

$$浴缸工程量 = \frac{浴缸总数}{10} \quad (10组)$$

2) 计算规则及说明

① 定额中浴缸安装项目，均参照《全国通用给水排水标准图集》中相关标准图集计算，设计无特殊要求均不作调整。

② 成组安装的浴缸，定额均已按标准图集计算了与给水、排水管道连接的人工和材料。

③ 浴盆（即浴缸）安装适用于各种型号的浴盆，但是浴盆支座和浴盆周边的砌砖、瓷砖粘贴应另行计算。

④ 浴缸组成安装，以“10 组”为计量单位，已按标准图综合了浴缸与给水管、排水管连接的人工与材料用量，不得另行计算。

2. 净身盆

(1) 清单工程量

1) 计算公式

$$净身盆工程量 = 图示数量 \quad (组)$$

2) 计算规则及说明

① 成品净身盆项目中的附件安装，主要指给水附件包括水嘴、阀门、喷头等。

② 净身盆清单工程量按设计图示数量计算。

(2) 定额工程量

1) 计算公式

$$净身盆工程量=\frac{净身盆总数}{10}\quad(10组)$$

2) 计算规则及说明

① 定额中净身盆安装项目，均参照《全国通用给水排水标准图集》中相关标准图集计算，设计无特殊要求均不作调整。

② 成组安装的净身盆，定额均已按标准图集计算了与给水、排水管道连接的人工和材料。

③ 净身盆组成安装，以“10 组”为计量单位，已按标准图综合了净身盆与给水管、排水管连接的人工与材料用量，不得另行计算。

3. 洗脸盆

(1) 清单工程量

1) 计算公式

$$洗脸盆工程量=图示数量\quad(组)$$

2) 计算规则及说明

① 洗脸盆（又称“洗面器”）形式较多，包括挂式、立柱式、台式三类。

② 洗脸盆适用于洗脸盆、洗发盆、洗手盆安装。

③ 成品洗脸盆项目中的附件安装，主要指给水附件包括水嘴、阀门、喷头等。

④ 洗脸盆清单工程量按设计图示数量计算。

(2) 定额工程量

1) 计算公式

$$洗脸盆工程量=\frac{洗脸盆总数}{10}\quad(10组)$$

2) 计算规则及说明

① 定额中洗脸盆安装项目，均参照《全国通用给水排水标准图集》中相关标准图集计算，设计无特殊要求均不作调整。

② 成组安装的洗脸盆，定额均已按标准图集计算了与给水、排水管道连接的人工和材料。

③ 洗脸盆肘式开关安装，不分单双把均执行同一项目。

④ 洗脸盆组成安装，以“10 组”为计量单位，已按标准图综合了洗脸盆与给水管、排水管连接的人工与材料用量，不得另行计算。

4. 洗涤盆

(1) 清单工程量

1) 计算公式

$$洗涤盆工程量=图示数量\quad(组)$$

2) 计算规则及说明

① 洗涤盆主要装于住宅或食堂的厨房内，用于洗涤各种餐具等。洗涤盆的上方接有

各式水嘴。洗涤盆多为陶瓷制品。

② 洗涤盆清单工程量按设计图示数量计算。

(2) 定额工程量

1) 计算公式

$$洗涤盆工程量 = \frac{洗涤盆总数}{10} \quad (10组)$$

2) 计算规则及说明

① 定额中洗涤盆安装项目，均参照《全国通用给水排水标准图集》中相关标准图集计算，设计无特殊要求均不作调整。

② 成组安装的洗涤盆，定额均已按标准图集计算了与给水、排水管道连接的人工和材料。

③ 洗涤盆组成安装，以“10 组”为计量单位，已按标准图综合了洗涤盆与给水管、排水管连接的人工与材料用量，不得另行计算。

5. 化验盆

(1) 清单工程量

1) 计算公式

$$化验盆工程量 = 图示数量 \quad (组)$$

2) 计算规则及说明

化验盆清单工程量按设计图示数量计算。

(2) 定额工程量

1) 计算公式

$$化验盆工程量 = \frac{化验盆总数}{10} \quad (10组)$$

2) 计算规则及说明

① 定额中化验盆安装项目，均参照《全国通用给水排水标准图集》中相关标准图集计算，设计无特殊要求均不作调整。

② 成组安装的化验盆，定额均已按标准图集计算了与给水、排水管道连接的人工和材料。

③ 化验盆安装中的鹅颈水嘴、化验单嘴、双嘴适用于成品件安装。

④ 化验盆组成安装，以“10 组”为计量单位，已按标准图综合了化验盆与给水管、排水管连接的人工与材料用量，不得另行计算。

6. 大便器

(1) 清单工程量

1) 计算公式

$$大便器工程量 = 图示数量 \quad (组)$$

2) 计算规则及说明

大便器清单工程量按设计图示数量计算。

(2) 定额工程量

1) 计算公式

$$大便器工程量=\frac{大便器总数}{10}\quad (10套)$$

2) 计算规则及说明

① 定额中大便器安装项目，均参照《全国通用给水排水标准图集》中相关标准图集计算，设计无特殊要求均不作调整。

② 成组安装的大便器，定额均已按标准图集计算了与给水、排水管道连接的人工和材料。

③ 高（无）水箱蹲式大便器、低水箱坐式大便器安装，适用于各种型号。

④ 大便器组成安装，以“10 套”为计量单位，已按标准图综合了大便器与给水管、排水管连接的人工与材料用量，不得另行计算。

⑤ 蹲式大便器安装，已包括固定大便器的垫砖，但是不包括大便器蹲台砌筑。

7. 小便器

(1) 清单工程量

1) 计算公式

$$小便器工程量=图示数量\quad (组)$$

2) 计算规则及说明

小便器清单工程量按设计图示数量计算。

(2) 定额工程量

1) 计算公式

$$小便器工程量=\frac{小便器总数}{10}\quad (10套)$$

2) 计算规则及说明

① 定额中小便器安装项目，均参照《全国通用给水排水标准图集》中相关标准图集计算，设计无特殊要求均不作调整。

② 成组安装的小便器，定额均已按标准图集计算了与给水、排水管道连接的人工和材料。

③ 小便器组成安装，以“10 套”为计量单位，已按标准图综合了小便器与给水管、排水管连接的人工与材料用量，不得另行计算。

8. 其他成品卫生器具

(1) 清单工程量

1) 计算公式

$$其他成品卫生器具工程量=图示数量\quad (组)$$

2) 计算规则及说明

① 其他成品卫生器具项目中的附件安装，主要指给水附件包括水嘴、阀门、喷头等。

② 其他成品卫生器具安装中若采用混凝土或砖基础，应按现行国家标准《房屋建筑与装饰工程工程量计算规范》GB 50854—2013 相关项目编码列项。

③ 其他成品卫生器具清单工程量按设计图示数量计算。

（2）定额工程量

1）计算公式

$$其他成品卫生器具工程量 = \frac{其他成品卫生器具总数}{10} \quad （10组）$$

2）计算规则及说明

① 定额中所有其他成品卫生器具安装项目，均参照《全国通用给水排水标准图集》中相关标准图集计算，设计无特殊要求均不作调整。

② 成组安装的其他成品卫生器具，定额均已按标准图集计算了与给水、排水管道连接的人工和材料。

③ 其他成品卫生器具组成安装，以“10组”为计量单位，已按标准图综合了其他成品卫生器具与给水管、排水管连接的人工与材料用量，不得另行计算。

9. 烘手器

（1）清单工程量

1）计算公式

$$烘手器工程量 = 图示数量 \quad （个）$$

2）计算规则及说明

① 烘手器是一种卫浴间用烘干双手或者吹干双手的洁具电器，包括感应式自动干手器和手动干手器。

② 烘手器清单工程量按设计图示数量计算。

（2）定额工程量

1）计算公式

$$烘手器工程量 = \frac{烘手器总数}{计量单位} \quad （个）$$

2）计算规则及说明

定额中烘手器安装项目，均参照《全国通用给水排水标准图集》中相关标准图集计算，设计无特殊要求均不作调整。

10. 淋浴器

（1）清单工程量

1）计算公式

$$淋浴器工程量 = 图示数量 \quad （套）$$

2）计算规则及说明

① 成品卫生器具项目中的附件安装，主要指给水附件包括水嘴、阀门、喷头等。

② 淋浴器清单工程量按设计图示数量计算。

（2）定额工程量

1）计算公式

$$淋浴器工程量 = \frac{淋浴器总数}{10} \quad （10组）$$

2）计算规则及说明

① 定额中淋浴器安装项目，均参照《全国通用给水排水标准图集》中相关标准图集

计算，设计无特殊要求均不作调整。

② 淋浴器铜制品安装适用于各种成品淋浴器安装。

③ 淋浴器组成、安装，以“10组”为计量单位。

11. 淋浴间

(1) 计算公式

$$淋浴间工程量 = 图示数量 \quad (套)$$

(2) 计算规则及说明

1) 淋浴间主要包括单面式和围合式两种。单面式指只有开启门的方向才有屏风，其他三面是建筑墙体；围合式通常两面或两面以上有屏风，包括四面围合的。

2) 成品卫生器具项目中的附件安装，主要指给水附件包括水嘴、阀门、喷头等。

3) 淋浴间清单工程量按设计图示数量计算。

12. 桑拿浴房

(1) 计算公式

$$桑拿浴房工程量 = 图示数量 \quad (套)$$

(2) 计算规则及说明

1) 成品卫生器具项目中的附件安装，主要指给水附件包括水嘴、阀门、喷头等。

2) 桑拿浴房清单工程量按设计图示数量计算。

13. 大、小便槽自动冲洗水箱

(1) 清单工程量

1) 计算公式

$$大、小便槽自动冲洗水箱工程量 = 图示数量 \quad (套)$$

2) 计算规则及说明

大、小便槽自动冲洗水箱清单工程量按设计图示数量计算。

(2) 定额工程量

1) 计算公式

$$大、小便槽自动冲洗水箱工程量 = \frac{大、小便槽自动冲洗水箱总数}{10} \quad (10套)$$

2) 计算规则及说明

① 定额中大、小便槽自动冲洗水箱安装项目，均参照《全国通用给水排水标准图集》中相关标准图集计算，设计无特殊要求均不作调整。

② 大、小便槽水箱托架安装已按标准图集计算在定额内，不得另行计算。

③ 大便槽、小便槽自动冲洗水箱安装，以“10套”为计量单位，已包括水箱托架的制作安装，不得另行计算。

14. 给、排水附（配）件

(1) 清单工程量

1) 计算公式

$$给水、排水附(配)件工程量 = 图示数量 \quad (个)$$

或

$$给水、排水附(配)件工程量 = 图示数量 \quad (组)$$

2）计算规则及说明

① 给水、排水附（配）件是指独立安装的水嘴、地漏、地面扫出口等。

② 排水配件包括存水弯、排水栓、下水口等以及配备的连接管。

③ 给、排水附（配）件清单工程量按设计图示数量计算。

（2）定额工程量

1）计算公式

$$给水、排水附(配)件工程量 = \frac{给水、排水附(配)件总数}{10} \quad (10个)$$

或

$$给水、排水附(配)件工程量 = \frac{给水、排水附(配)件总数}{10} \quad (10组)$$

2）计算规则及说明

① 定额中给水、排水附（配）件安装项目，均参照《全国通用给水排水标准图集》中相关标准图集计算，设计无特殊要求均不作调整。

② 成组安装的给水、排水附（配）件，定额均已按标准图集计算了与给水、排水管道连接的人工和材料。

③ 给、排水附（配）件定额工程量，以“10个（10组）”为计量单位。

15. 小便槽冲洗管

（1）清单工程量

1）计算公式

$$小便槽冲洗管工程量 = 图示长度 \quad (m)$$

2）计算规则及说明

① 小便槽可以用普通阀门控制多孔冲洗管进行冲洗，应当尽可能采用自动冲洗水箱冲洗。多孔冲洗管安装于距地面1.1m高度处。多孔冲洗管管径≥15mm，管壁上开有2mm小孔，孔间距为10～12mm，在安装时应当注意使每排小孔与墙面成45°。

② 小便槽冲洗管清单工程量按设计图示长度计算。

（2）定额工程量

1）计算公式

$$小便槽冲洗管工程量 = \frac{制作安装长度}{10} \quad (10m)$$

2）计算规则及说明

① 定额中小便槽冲洗管安装项目，均参照《全国通用给水排水标准图集》中相关标准图集计算，设计无特殊要求均不作调整。

② 小便槽冲洗管制作安装定额中，不包括阀门安装，其工程量可按相应项目另行计算。

③ 小便槽冲洗管制作与安装，以“10m”为计量单位，不包括阀门安装，其工程量可按相应定额另行计算。

16. 蒸汽一加热器

(1) 清单工程量

1) 计算公式

$$蒸汽一加热器工程量 = 图示数量 \quad (套)$$

2) 计算规则及说明

蒸汽一加热器清单工程量按设计图示数量计算。

(2) 定额工程量

1) 计算公式

$$蒸汽一加热器工程量 = \frac{蒸汽一加热器总数}{10} \quad (10套)$$

2) 计算规则及说明

① 定额中蒸汽一加热器安装项目，均参照《全国通用给水排水标准图集》中相关标准图集计算，设计无特殊要求均不作调整。

② 蒸汽一水加热器安装，以“10套”为计量单位，包括莲蓬头安装，不包括支架制作安装及阀门、疏水器安装，其工程量可按相应定额另行计算。

17. 冷热水混合器

(1) 清单工程量

1) 计算公式

$$冷热水混合器工程量 = 图示数量 \quad (套)$$

2) 计算规则及说明

冷热水混合器清单工程量按设计图示数量计算。

(2) 定额工程量

1) 计算公式

$$冷热水混合器工程量 = \frac{冷热水混合器总数}{10} \quad (10套)$$

2) 计算规则及说明

① 定额中冷热水混合器安装项目，均参照《全国通用给水排水标准图集》中相关标准图集计算，设计无特殊要求均不作调整。

② 冷热水混合器安装项目中包括了温度计安装，但不包括支座制作安装，其工程量可按相应项目另行计算。

③ 冷热水混合器安装，以“10套”为计量单位，不包括支架制作安装及阀门安装，其工程量可按相应定额另行计算。

18. 饮水器

(1) 清单工程量

1) 计算公式

$$饮水器工程量 = 图示数量 \quad (套)$$

2) 计算规则及说明

饮水器清单工程量按设计图示数量计算。

（2）定额工程量

1）计算公式

$$饮水器工程量 = \frac{饮水器总数}{计量单位} \quad （台）$$

2）计算规则及说明

① 定额中饮水器安装项目，均参照《全国通用给水排水标准图集》中相关标准图集计算，设计无特殊要求均不作调整。

② 饮水器安装的阀门和脚踏开关安装，可按相应项目另行计算。

③ 饮水器安装以“台”为计量单位，阀门和脚踏开关工程量可按相应定额另行计算。

19. 隔油器

（1）清单工程量

1）计算公式

隔油器工程量 = 图示数量 （套）

2）计算规则及说明

① 隔油器是将含油废水中的杂质、油、水分离的一种专用设备。

② 隔油器清单工程量按设计图示数量计算。

（2）定额工程量

1）计算公式

$$隔油器工程量 = \frac{隔油器总数}{计量单位} \quad （套）$$

2）计算规则及说明

定额中隔油器安装项目，均参照《全国通用给水排水标准图集》中相关标准图集计算，设计无特殊要求均不作调整。

3.1.2 供暖器具

1. 铸铁散热器

（1）清单工程量

1）计算公式

铸铁散热器工程量 = 图示数量 （组）

或

铸铁散热器工程量 = 图示数量 （片）

2）计算规则及说明

① 铸铁散热器，包括拉条制作安装。

② 铸铁散热器清单工程量按设计图示数量计算。

（2）定额工程量

1）计算公式

$$铸铁散热器工程量 = \frac{总片数}{10} \quad （10片）$$

2）计算规则及说明

① 各类型散热器不分明装或暗装，均按类型分别编制。

② 各类型铸铁散热器组成安装以“10 片”为计量单位，其汽包垫不作换算。

2. 钢制散热器

（1）清单工程量

1）计算公式

$$钢制散热器工程量 = 图示数量 \quad （组）$$

或

$$钢制散热器工程量 = 图示数量 \quad （片）$$

2）计算规则及说明

① 钢制散热器清单工程量按设计图示数量计算。

② 钢制散热器结构形式，包括钢制闭式、板式、壁板式、扁管式及柱式散热器等，应分别列项计算。

（2）定额工程量

1）计算公式

$$钢制闭式散热器安装工程量 = \frac{组数 \times 每组片数}{计量单位} \quad （片）$$

$$钢制板式散热器安装工程量 = \frac{组数 \times 每组片数}{计量单位} \quad （组）$$

$$钢制壁式散热器安装工程量 = \frac{组数 \times 每组片数}{计量单位} \quad （组）$$

$$钢制柱式散热器安装工程量 = \frac{组数 \times 每组片数}{计量单位} \quad （组）$$

2）计算规则及说明

① 各类型散热器不分明装或暗装，均按类型分别编制。柱型散热器为挂装时，可执行 M132 项目。

② 柱型和 M132 型铸铁散热器安装用拉条时，拉条另行计算。

③ 板式、壁板式，已计算托钩的安装人工和材料；闭式散热器，若主材价不包括托钩者，托钩价格另行计算。

④ 钢制闭式散热器安装，以“片”为计量单位。

⑤ 钢制板式散热器安装、钢制壁式散热器安装与钢制柱式散热器安装，均以“组”为计量单位。

3. 其他成品散热器

（1）计算公式

$$其他成品散热器工程量 = 图示数量 \quad （组）$$

或

$$其他成品散热器工程量 = 图示数量 \quad （片）$$

（2）计算规则及说明

其他成品散热器清单工程量按设计图示数量计算。

4. 光排管散热器

(1) 清单工程量

1) 计算公式

$$光排管散热器工程量=图示排管长度 \quad (m)$$

2) 计算规则及说明

① 光排管散热器，包括联管制作安装。

② 光排管散热器清单工程量按设计图示排管长度计算。

(2) 定额工程量

1) 计算公式

$$光排管散热器工程量=\frac{散热长度\times 排管排数}{10} \quad (10m)$$

2) 计算规则及说明

① 各类型散热器不分明装或暗装，均按类型分别编制。

② 光排管散热器制作、安装项目，单位每10m系指光排管长度。联管作为材料已列入定额，不可重复计算。

③ 光排管散热器制作安装，以“10m”为计量单位，定额内已包括联管长度，不能另行计算。

5. 暖风机

(1) 清单工程量

1) 计算公式

$$暖风机工程量=图示数量 \quad (台)$$

2) 计算规则及说明

暖风机清单工程量按设计图示数量计算。

(2) 定额工程量

1) 计算公式

$$暖风机工程量=\frac{总台数}{计量单位} \quad (台)$$

2) 计算规则及说明

暖风机安装以“台”为计量单位，其支架制作安装除单重500kg以上暖风机外均已包括在定额内，不再另计。

6. 地板辐射采暖

(1) 计算公式

$$地板辐射采暖工程量=采暖房间净面积 \quad (m^2)$$

或

$$地板辐射采暖工程量=加热管的长度 \quad (m)$$

(2) 计算规则及说明

1) 地板辐射采暖，包括与分集水器连接和配合地面浇注用工。

2) 地板辐射采暖清单工程量以平方米计量，按设计图示采暖房间净面积计算。

3) 地板辐射采暖清单工程量以米计量，按设计图示管道长度计算。

7. 热媒集配装置

(1) 计算公式

$$热媒集配装置工程量 = 图示数量 \quad (台)$$

(2) 计算规则及说明

热媒集配装置清单工程量按设计图示数量计算。

8. 集气罐

(1) 计算公式

$$集气罐工程量 = 图示数量 \quad (个)$$

(2) 计算规则及说明

集气罐清单工程量按设计图示数量计算。

3.2 卫生器具与供暖器具安装工程量手算实例解析

【例 3-1】 某卫生间有一个搪瓷浴缸，如图 3-1 所示，尺寸为 1200mm×900mm×420mm，采用冷热水供水，试计算其工程量。

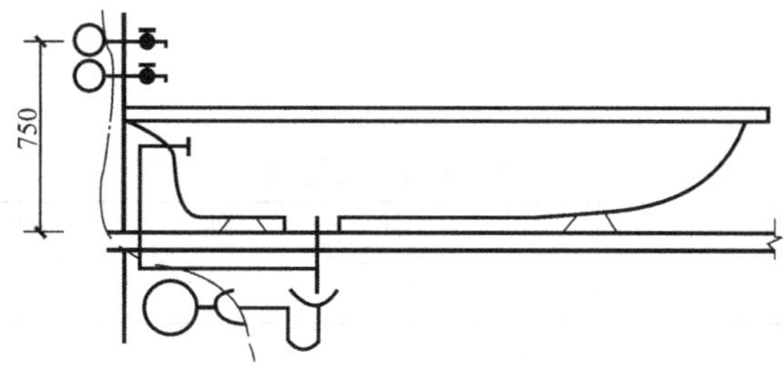

图 3-1 搪瓷浴缸

【解】

1. 清单工程量

项目：搪瓷浴缸

计量单位：组

工程量：1

清单工程量计算见表 3-1。

清单工程量计算表 **表 3-1**

项目编号	项目名称	项目特征描述	计量单位	工程量
031004001001	浴缸	搪瓷	组	1

2. 定额工程量

项目：搪瓷浴缸

计量单位：10 组

工程量：0.1

套用《全国统一安装工程预算定额（第八册）》GYD—208—2000：8-375

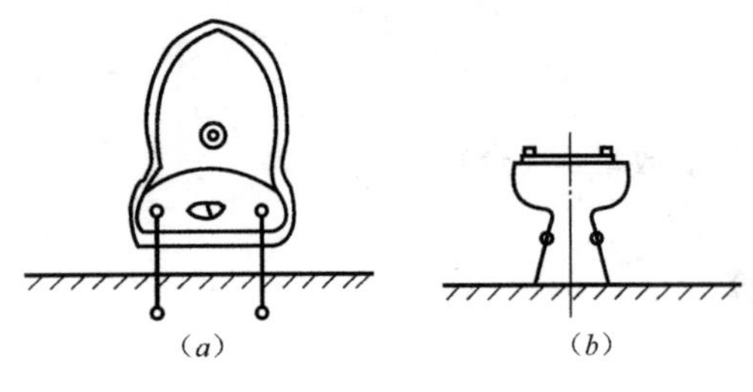

图 3-2 净身盆
(a) 平面图；(b) 立面图

基价：1127.85 元。其中人工费 222.68 元，材料费（不含主材费）905.17 元。

【例 3-2】 某住宅陶瓷净身盆平面图和立面图如图 3-2 所示，试计算其工程量。

【解】

根据工程量计算规则，净身盆工程量按设计图文数量计算。

净身盆工程量 = 1 组

该净身盆工程量见表 3-2。

净身盆工程量表 **表 3-2**

项目编号	项目名称	项目特征描述	计量单位	工程量
031004002001	净身盆	陶瓷净身盆	组	1

【例 3-3】 某洗脸盆平面图如图 3-3 所示，试计算其清单工程量。

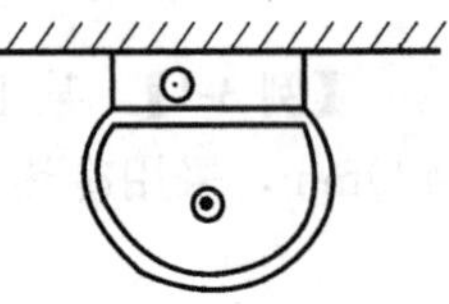

图 3-3 洗脸盆

【解】

洗脸盆清单工程量按设计图示数量计算。

洗脸盆单位：1 组

清单工程量计算见表 3-3。

清单工程量计算表 **表 3-3**

项目编号	项目名称	项目特征描述	计量单位	工程量
031004003001	洗脸盆	按实际要求	组	1

【例 3-4】 图 3-4 为一挂式冷水洗脸盆安装示意图，其尺寸为 560mm×410mm×300mm，试计算其工程量。

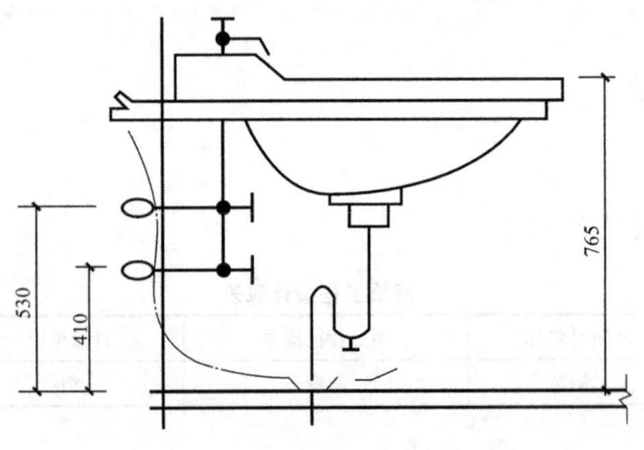

图 3-4 挂式冷水洗脸盆安装示意图

【解】

1. 清单工程量

洗脸盆清单工程量按设计图示数量计算。

洗脸盆单位：1 组

清单工程量计算见表 3-4。

清单工程量计算表　表 3-4

项目编号	项目名称	项目特征描述	计量单位	工程量
031004003001	洗脸盆	尺寸为 560mm×410mm×300mm	组	1

2. 定额工程量

项目：洗脸盆　计量单位：10 组　工程量：0.1

套用《全国统一安装工程预算定额（第八册）》GYD—208—2000：8-383

基价：926.72 元。其中人工费 122.60 元，材料费（不含主材费）804.12 元。

【例 3-5】 某浴室给水系统平面图如图 3-5 所示，浴室给水系统图如图 3-6 所示，室内给水管材采用热浸镀锌钢管，钢管连接方式为螺纹连接，明装管道外刷面漆两道，设淋浴喷头 7 个，洗手水龙头 2 个。试计算给水系统的清单工程量。

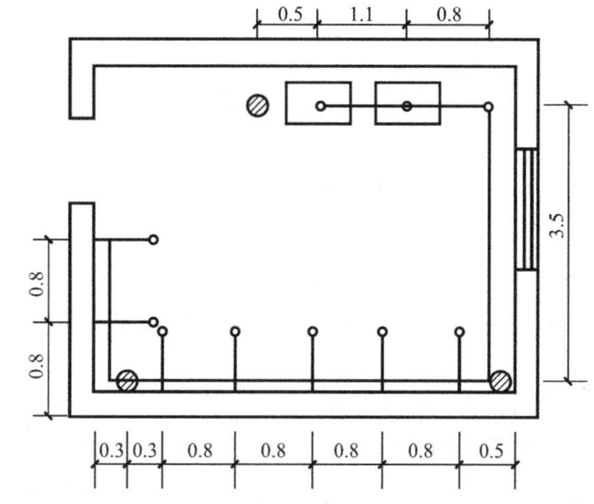

图 3-5　某浴室给水平面图（单位：m）

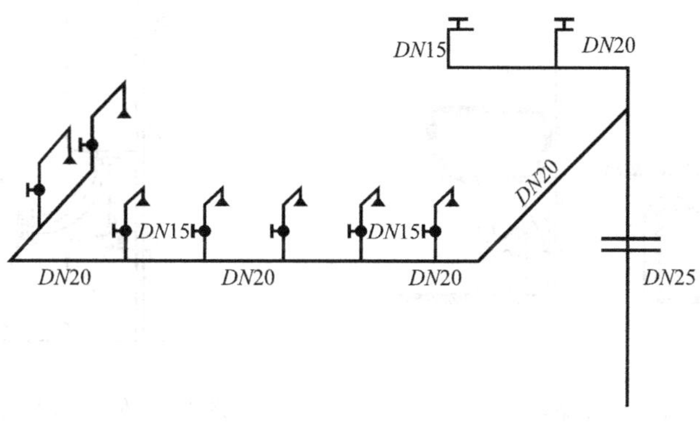

图 3-6　某浴室给水系统图

【解】

(1) 螺纹连接镀锌钢管 $DN25$（立管部分）

$$工程量 = 1.1\text{m}(套管至分支管处)$$

(2) 螺纹连接镀锌钢管 $DN20$

1) 立管部分

工程量 = 0.5m(立管分支处到与水平管交点处)

2) 水平部分

工程量 =1.1(洗手水龙头部分) + 3.5(立管与淋浴器支管连接管之间) + 0.5 + 0.8 × 8(两个淋浴器之间间距为 0.8m,共 8 段) =11.5m

(3) 洗脸盆水龙头 $DN15$

工程量= 0.5m × 2 = 1.0m(两个洗脸盆水龙头,每一个的长度为 0.5m)

(4) 淋浴器 $DN15$

工程量 =0.8 × 7(每个淋浴器分支管与水平管的距离为 0.8m) + 0.3 × 7(淋浴器竖直分支管与喷头之间的连接管段长为 0.3m) =7.7m

(5) 淋浴器

工程量 = 7 套

(6) 洗脸盆

工程量 = 2 组

(7) 地漏

工程量 = 3 个

【例 3-6】 某洗涤盆如图 3-7 所示，试计算图示中的清单工程量。

【解】

洗涤盆清单工程量按设计图示数量计算。

此图示中洗涤盆的清单工程量 = 1 组。

【例 3-7】 图 3-8 为某低水箱坐式大便器安装示意图，试计算其清单工程量。

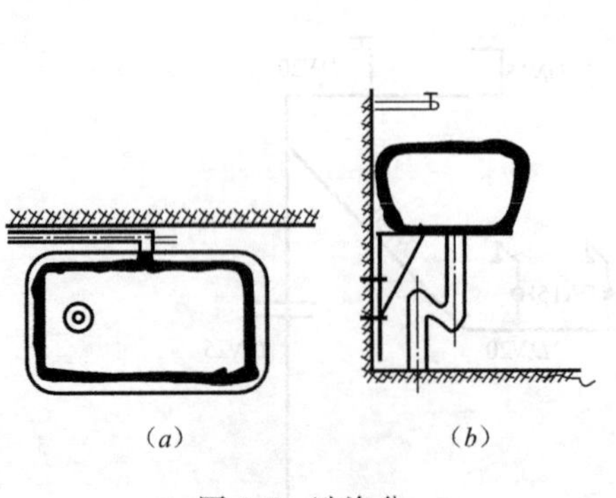

图 3-7 洗涤盆

(a) 平面图；(b) 侧面图

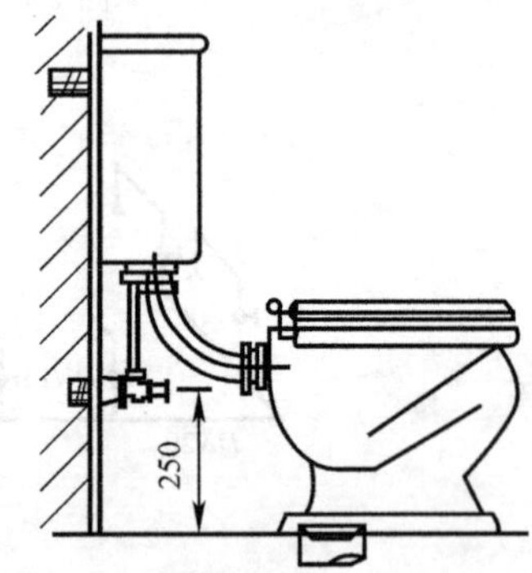

图 3-8 低水箱坐式大便器安装示意图

【解】

1. 清单工程量

大便器清单工程量按设计图示数量计算。

低水箱坐式大便器工程量 = 1 组

清单工程量计算见表 3-5。

清单工程量计算表 **表 3-5**

项目编号	项目名称	项目特征描述	计量单位	工程量
031004006001	大便器	低水箱坐式	组	1

2. 定额工程量

项目：低水箱坐式大便器

计量单位：10 套

工程量：0.1

套用《全国统一安装工程预算定额（第八册）》GYD—208—2000：8-414

基价：484.02 元，其中人工费 186.46 元，材料费（不含主材费）297.56 元。

【例 3-8】 图 3-9 为某高水箱蹲式大便器安装示意图，试计算其清单工程量。

【解】

1. 清单工程量

大便器清单工程量按设计图示数量计算。

高水箱蹲式大便器工程量 = 1 组

清单工程量计算见表 3-6。

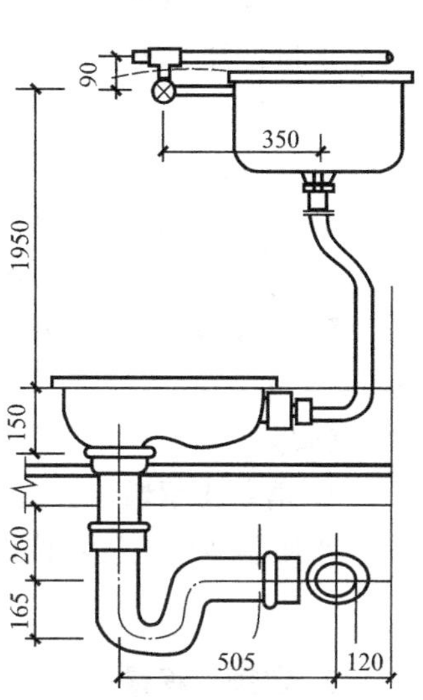

图 3-9 高水箱蹲式大便器安装示意图

清单工程量计算表 **表 3-6**

项目编号	项目名称	项目特征描述	计量单位	工程量
031004006001	大便器	高水箱蹲式	组	1

2. 定额工程量

项目：高水箱蹲式大便器

计量单位：10 套

工程量：0.1

套用《全国统一安装工程预算定额（第八册）》GYD—208—2000：8-407

基价：1033.39 元，其中人工费 224.31 元，材料费（不含主材费）809.08 元。

【例 3-9】 某普通挂斗式自动冲洗小便器（一联）如图 3-10 所示，试计算其工程量。

图 3-10 挂斗式自动冲洗小便器

【解】

1. 清单工程量

小便器清单工程量按设计图示数量计算。

挂斗式自动冲洗小便器(一联) 工程量 = 1 组

清单工程量计算见表 3-7。

清单工程量计算表 表 3-7

项目编号	项目名称	项目特征描述	计量单位	工程量
031004007001	大便器	按实际要求	组	1

2. 定额工程量

项目：挂斗式自动冲洗小便器（一联）

计量单位：10 套

工程量：0.1

套用《全国统一安装工程预算定额（第八册）》GYD—208—2000：8-419

基价：1885.04 元，其中人工费 114.24 元，材料费（不含主材费）1770.80 元。

【例 3-10】 某立式小便器安装示意图如图 3-11 所示，试计算其清单工程量和定额工程量。

【解】

1. 清单工程量

小便器清单工程量按设计图示数量计算。

立式小便器工程量 = 1 组

2. 定额工程量

项目：立式小便器

计量单位：10 组

工程量：0.1

套用《全国统一安装工程预算定额（第八册）》GYD—208—2000：8-423

基价：2408.31 元；其中人工费 124.46 元，材料费（不含主材费）2283.85 元

【例 3-11】 某淋浴器如图 3-12 所示，试计算其工程量。

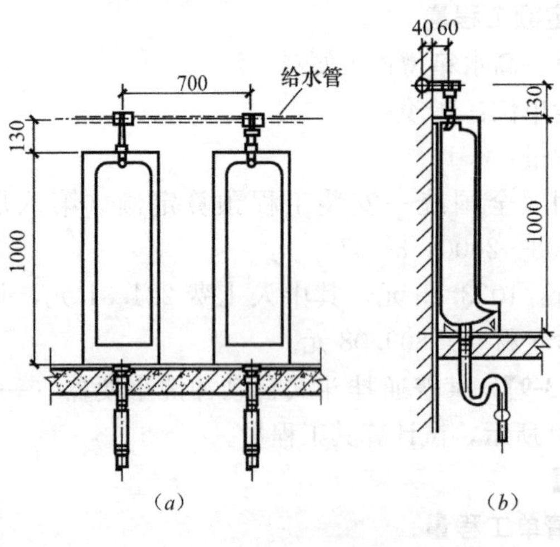

图 3-11 立式小便器安装示意图

(a) 立面图；(b) 侧面图

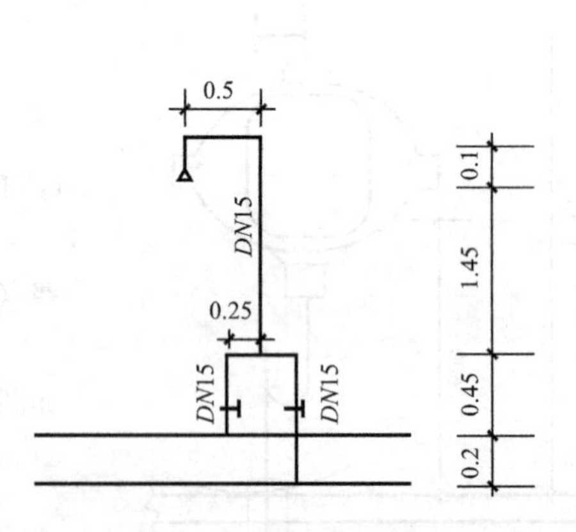

图 3-12 淋浴器示意图

【解】

根据工程量计算规则，淋浴器工程量按设计图示数量计算。

淋浴器工程量 ＝1 套

工程量清单计算见表 3-8。

工程量清单计算表 **表 3-8**

项目编号	项目名称	项目特征描述	计量单位	工程量
031004010001	淋浴器	1 个莲蓬喷头，*DN*15 镀锌钢管，2 个 *DN*15 阀门	套	1

【例 3-12】 某淋浴器结构如图 3-13 所示，包括冷热水铜管、淋蓬头和两个铜截止阀。试计算其清单工程量和定额工程量。

【解】

1. 清单工程量

冷热水铜管淋浴器 ＝1 套

2. 定额工程量

项目：冷热水铜管淋浴器　　计量单位：10 组

工程量：0.1

套用《全国统一安装工程预算定额（第八册）》GYD—208—2000：8-406

基价：179.85 元，其中人工费 44.12 元，材料费（不含主材费）135.73 元

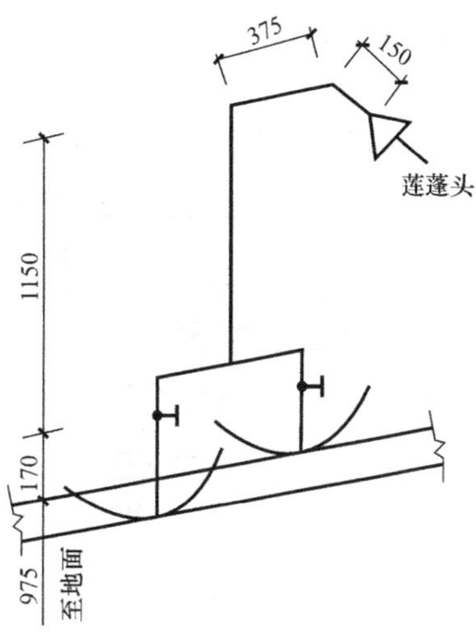

图 3-13　淋浴器

【例 3-13】 某排水管道截取的部分图如图 3-14 所示，其中有地漏的和地面扫出口各一个，试计算清单工程量和定额工程量。

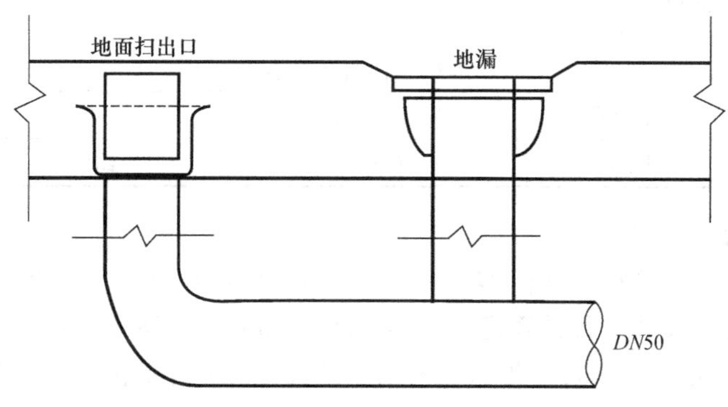

图 3-14　排水管道部分图

【解】

1. 清单工程量

地漏 *DN*50 清单工程量 ＝1 个

地面扫出口 *DN*50 清单工程量 ＝1 个

清单工程量计算见表 3-9。

清单工程量计算表　　表 3-9

项目编码	项目名称	项目特征描述	单　位	数　量
031004014001	地漏	*DN*50	个	1
031004014002	地面扫出口	*DN*50	个	1

2. 定额工程量

项目：地漏　　计量单位：10 个　　工程量：0.1

套用《全国统一安装工程预算定额（第八册）》GYD—208—2000：8-487

基价：地漏定额编号 8-447，基价：55.88 元；其中人工费 37.15 元，材料费（不含主材费）18.73 元

项目：地面扫出口　　计量单位：10 个　　工程量：0.1

套用《全国统一安装工程预算定额（第八册）》GYD—208—2000：8-487

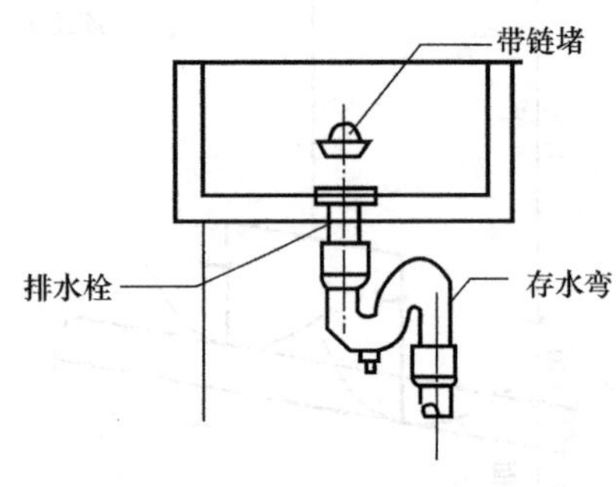

图 3-15　排水栓安装示意图

基价：地面扫出口定额编号 8-451，基价：18.77 元；其中人工费 17.41 元，材料费（不含主材费）1.36 元

说明：地面扫出口安装于地面以下，应区别于清通口，清通口安装在楼层排水横管尾端。

【例 3-14】 某男女厕所拖布排水栓各 2 组，盥洗台排水栓 3 组，排水栓均采用塑料排水栓 *DN*50（均不考虑存水弯），排水栓安装示意图如图 3-15 所示。试计算其工程量。

【解】

1. 清单工程量

不带存水弯塑料排水栓 *DN*50 清单工程量 $= 2 \times 2 + 3 = 7$ 组

清单工程量计算见表 3-10。

清单工程量计算表　　表 3-10

项目编号	项目名称	项目特征描述	计量单位	工程量
031004014001	排水栓	*DN*50	组	7

2. 定额工程量

项目：不带存水弯塑料排水栓 *DN*50　　计量单位：10 组　　工程量：0.7

套用《全国统一安装工程预算定额（第八册）》GYD—208—2000：8-446

基价：143.26 元，其中人工费 30.88 元，材料费（不含主材费）112.38 元

【例 3-15】 某多孔小便槽冲洗管示意图如图 3-16 所示，管长为 4.0m，控制阀门的短管长为 0.25m，试计算小便槽冲洗管的工程量。

【解】

1. 清单工程量

小便槽冲洗管 *DN*25 工程量 $= (4.0 + 0.25) \times 3$

$= 12.75\text{m}$

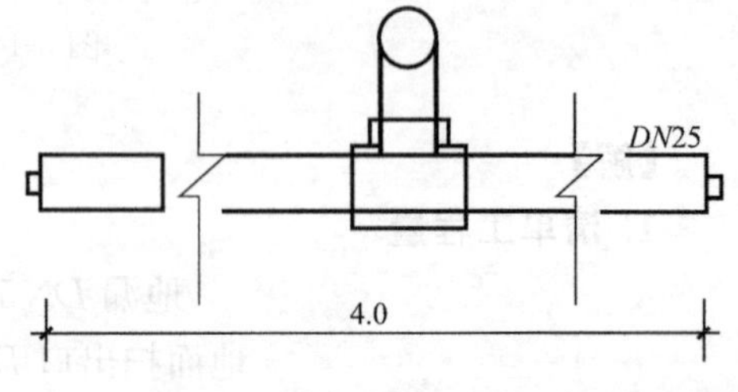

图 3-16　多孔冲洗管示意图

清单工程量计算见表 3-11。

清单工程量计算表 **表 3-11**

项目编号	项目名称	项目特征描述	计量单位	工程量
031004015001	小便槽冲洗管	*DN*25	m	12.75

2. 定额工程量

$$DN25\text{ 冲洗管工程量} = [(4.0+0.25)\times 3]/10 = 1.275(10\text{m})$$

3. 套用定额

项目：*DN*25 冲洗管（镀锌钢管）　　计量单位：10m　　工程量：1.275

套用《全国统一安装工程预算定额（第八册）》GYD—208—2000：8-458

基价：342.52 元；其中人工费 169.04 元，材料费 158.50 元，机械费 14.98 元。

【例 3-16】 某居住区街道安装了一套悬挂式饮水设备，其高度为 800mm，安装在高度 150mm 的踏台上。试计算其工程量。

【解】

1. 清单工程量

饮水器清单工程量按设计图示数量计算。

饮水器清单工程量 = 1 套

2. 定额工程量

项目：饮水器　　计量单位：套　　工程量：1

套用《全国统一安装工程预算定额（第八册）》GYD—208—2000：8-487

基价：13.68 元；其中人工费 13.00 元，材料费 0.68 元

【例 3-17】 已知某建筑采暖系统中采用柱型铸铁散热器，散热器的总片数为 68 片，试计算其清单工程量和定额工程量。

【解】

1. 清单工程量

铸铁散热器清单工程量按设计图示数量计算。

清单工程量：68 片。

清单工程量计算见表 3-12。

清单工程量计算表 **表 3-12**

项目编码	项目名称	项目特征描述	计量单位	工程量
031005001001	铸铁散热器	铸铁散热器柱型	片	68

2. 定额工程量

项目：铸铁散热器　　计量单位：10 片　　工程量：6.8

套用《全国统一安装工程预算定额（第八册）》GYD—208—2000：8-491

基价 87.73 元；其中人工费 9.61 元，材料费 78.12 元。

【例 3-18】 某房间内散热器布置如图 3-17 所示，散热器接管示意图如图 3-18 所示，该散热器为铸铁散热器 M132 型，两散热器片数均为 25 片，外刷油，防锈漆一遍，银粉

两遍。所连支管为 $DN20$ 的焊接钢管（螺纹连接），其外刷防锈漆两遍，银粉两遍。试计算散热器工程量和所连支管的工程量。

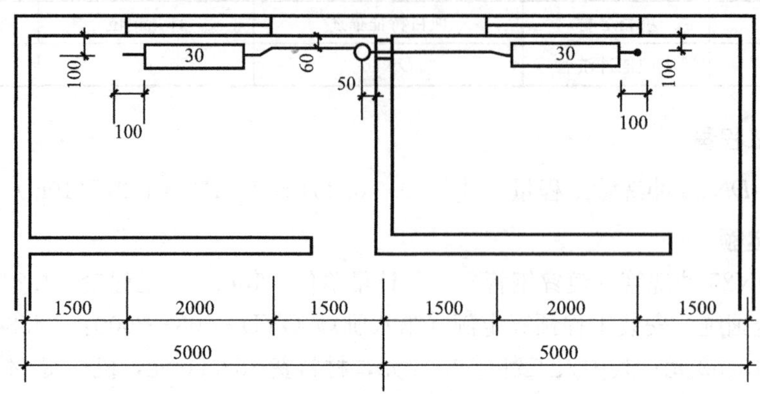

图 3-17　散热器室内布置图

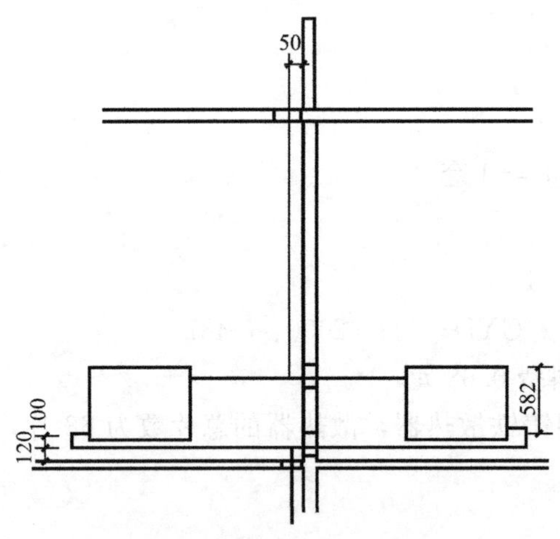

图 3-18　散热器接管示意图

【解】

1. 清单工程量

（1）铸铁散热器 M132

$$\text{铸铁散热器 M132 型工程量} = \frac{30 \times 2(\text{总片数})}{\text{计量单位}} = 60\text{片}$$

（2）$DN20$ 焊接钢管（螺纹连接）

$DN20$ 焊接钢管工程量

$$= \left(\frac{5.0}{2} \times 2 - 0.082 \times 30 \times 2/2\right) \times 2 + 0.082 \times 30 \times 2 + 0.1 \times 2 \times 2 + 0.1 \times 2 + (0.1 - 0.06) \times 2 = 10.68\text{m}$$

2. 定额工程量

（1）铸铁散热器 M132

1）组成安装

计量单位：10 片

$$\text{工程量} = \frac{30 \times 2(\text{总片数})}{10(\text{计量单位})} = 6$$

套用《全国统一安装工程预算定额（第八册）》GYD—208—2000：8-490

基价：41.27 元；其中人工费 14.16 元，材料费 27.11 元

2）散热器刷油防锈漆

计量单位：10m^2

$$\text{工程量} = \frac{30 \times 2(\text{总片数}) \times 0.24(\text{单片刷油面积})}{10(\text{计量单位})} = 1.44$$

套用《全国统一安装工程预算定额（第八册）》GYD—208—2000：11-198

基价：8.85元；其中人工费7.66元，材料费1.19元

3）散热器刷油银粉漆

① 第一遍

套用《全国统一安装工程预算定额（第十一册）》GYD—211—2000：11-200

计量单位：$10m^2$

$$工程量=\frac{30\times2(总片数)\times0.24(单片刷油面积)}{10(计量单位)}=1.44$$

基价：13.23元；其中人工费7.89元；材料费5.34元

② 第二遍

计量单位：$10m^2$

$$工程量=\frac{30\times2(总片数)\times0.24(单片刷油面积)}{10(计量单位)}=1.44$$

套用《全国统一安装工程预算定额（第十一册）》GYD—211—2000：11-201

基价：12.37元；其中人工费7.66元，材料费4.71元

（2）$DN20$焊接钢管（螺纹连接）

1）$DN20$焊接钢管安装

计量单位：10m

$$\begin{aligned}工程量&=\left\{\left[\frac{5.0}{2}\times2-0.082(单片长度)\times30\times2(总片数)/2\right]\times2(供回水管)\right.\\&\quad+0.082(单片长度)\times30\times2(总片数)+0.1\times2\times2+0.1\times2\\&\quad\left.(垂直距离)+(0.1-0.06)\times2(水平距离)\right\}\Big/10(计量单位)\\&=10.68/10\\&=1.068\end{aligned}$$

套用《全国统一安装工程预算定额（第八册）》GYD—208—2000：8-99

基价：63.11元；其中人工费42.49元，材料费20.06元

2）管道刷油$DN20$焊接钢管

① 防锈漆第一遍

计量单位：$10m^2$

$$工程量=\frac{0.63(焊接钢管DN20,10m长刷油面积)\times1.068(工程量)}{10(计量单位)}=0.067$$

套用《全国统一安装工程预算定额（第十一册）》GYD—211—2000：11-53

基价：7.40元；其中人工费6.27元，材料费1.13元

② 防锈漆第二遍

计量单位：$10m^2$

$$工程量=\frac{0.63\times1.068}{10}=0.067$$

套用《全国统一安装工程预算定额（第十一册）》GYD—211—2000：11-54

基价：7.28元；其中人工费6.27元，材料费1.01元

③ 银粉漆第一遍

计量单位：10m^2

$$\text{工程量}=\frac{0.63\times1.068}{10}=0.067$$

套用《全国统一安装工程预算定额（第十一册）》GYD—211—2000：11-56

基价：11.31 元；其中人工费 6.50 元，材料费 4.81 元

④ 银粉漆第二遍

计量单位：10m^2

$$\text{工程量}=\frac{0.63\times1.068}{10}=0.067$$

套用《全国统一安装工程预算定额（第十一册）》GYD—211—2000：11-57

基价：10.64 元；其中人工费 6.27 元，材料费 4.37 元

【例 3-19】 某工程采暖系统其中的立管如图 3-19 所示，室内采暖管线采用镀锌钢管螺纹连接，刷两道红丹防锈漆和两道银粉，散热器平面布置图如图 3-20 所示，散热器采用柱型铸铁散热器，沿窗边布置。立管中心线与供水干管的距离为 0.3m，未跨越的散热器的进出水管中心距为 0.3m，试计算其工程量。

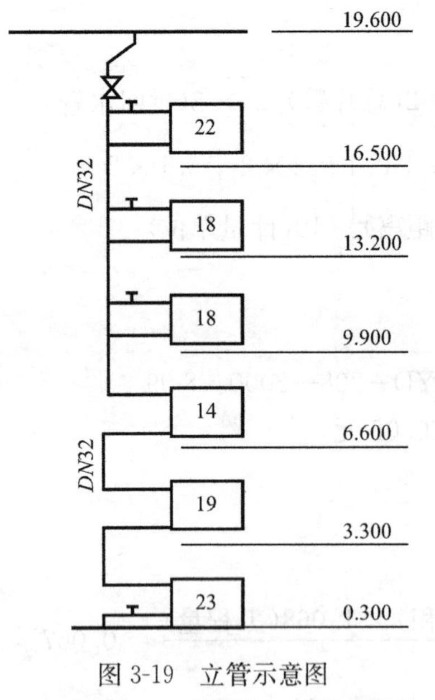

图 3-19　立管示意图

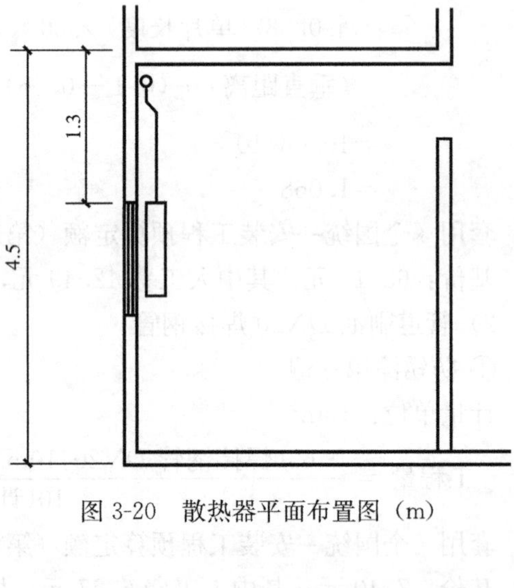

1.3
4.5

图 3-20　散热器平面布置图（m）

【解】

1. 清单工程量

(1) *DN*32 镀锌钢管立管

1) *DN*32 镀锌钢管立管长度

*DN*32 镀锌钢管立管长度 =(19.6−0.3)(标高差)+0.3(立管中心线与供水干管的距离)
−0.6×3(未跨越的散热器的进出水管中心距)
=17.8m

2）$DN32$ 镀锌钢管支管管长度

$DN32$ 镀锌钢管支管管长度 =[1.3(窗边侧距其内墙中心线的距离)
+0.05(乙字弯水平长度)−0.12(半墙壁厚)
−0.1(立管中心线距内墙面的距离)](单根支管的长度)
×2(每个散热器上有进出水两个支管)×6(层数)
=13.56m

$DN32$ 镀锌钢管工程量 = 17.8 + 13.56 = 31.36m

（2）铸铁散热器柱型

$$工程量 = \frac{22+18+18+14+19+23}{1} = 114 片$$

（3）$DN32$ 螺纹阀门

$DN32$ 螺纹阀门工程量 = 5 个

清单工程量计算见表 3-13。

清单工程量计算表 **表 3-13**

项目编码	项目名称	项目特征描述	计量单位	工程量
031001001001	镀锌钢管	镀锌钢管 $DN32$，室内安装，螺纹连接，刷两遍红丹防锈漆两遍银粉	m	31.36
031003001001	螺纹阀门	螺纹阀门，$DN32$	个	5
031005001001	铸铁散热器	铸铁散热器，柱型	片	114

2. 定额工程量

（1）$DN32$ 镀锌钢管

计量单位：10m

工程量 = (17.8 + 13.56)/10 = 3.136

套用《全国统一安装工程预算定额（第八册）》GYD—208—2000：8-90

基价：86.16 元；其中人工费 51.08 元，材料费 34.05 元，机械费 1.03 元

（2）管道刷红丹防锈漆

刷红丹防锈漆管外面积 =(17.8 + 13.56)(管长)
×(0.042 × 3.14)($DN32$ 钢管外周长)
=31.36 × 0.042 × 3.14m^2
=4.14m^2

1）第一遍

计量单位：10m^2

工程量 = 4.14/10 = 0.414

套用《全国统一安装工程预算定额（第十一册）》GYD—211—2000：11-51

基价：7.34 元；其中人工费 6.27 元，材料费 1.07 元

2）第二遍

计量单位：10m^2

工程量 = 4.14/10 = 0.414

套用《全国统一安装工程预算定额（第十一册）》GYD—211—2000：11-52

基价：7.23 元；其中人工费为 6.27 元，材料费为 0.96 元

(3) 管道刷银粉漆

$$\text{管道刷银粉漆管外面积} = (17.8+13.56)(\text{管长}) \times (0.042\times 3.14)(DN32\text{ 钢管外周长}) = 31.36\times 0.042\times 3.14\text{m}^2 = 4.14\text{m}^2$$

1) 第一遍

计量单位：10m^2

$$\text{工程量} = 4.14/10 = 0.414$$

套用《全国统一安装工程预算定额（第十一册）》GYD—211—2000：11-56

基价：11.31 元；其中人工费 6.50 元，材料费 4.81 元

2) 第二遍

计量单位：10m^2

$$\text{工程量} = 4.14/10 = 0.414$$

套用《全国统一安装工程预算定额（第十一册）》GYD—211—2000：11-57

基价：10.64 元；其中人工费 6.27 元，材料费 4.37 元

(4) 铸铁散热器柱型

计量单位：10 片

$$\text{工程量} = \frac{22+18+18+14+19+23}{10} = 11.4$$

套用《全国统一安装工程预算定额（第八册）》GYD—208—2000：8-491

基价：87.73 元；其中人工费 9.61 元，材料费 78.12 元

(5) *DN*32 螺纹阀门

计量单位：个

$$\text{工程量} = \frac{5}{1} = 5(\text{查立管图示可知})$$

套用《全国统一安装工程预算定额（第八册）》GYD—208—2000：8-244

基价：8.57 元；其中人工费 3.48 元，材料费 5.09 元

定额工程量计算见表 3-14。

定额工程量计算表 **表 3-14**

序号	项　目	定额编号	计量单位	工程量
1	室内镀锌钢管安装（*DN*32 螺纹连接）	8-90	10m	3.136
2	管道刷红丹防锈漆第一遍	11-51	10m^2	0.414
3	管道刷红丹防锈漆第二遍	11-52	10m^2	0.414
4	管道刷银粉漆第一遍	11-56	10m^2	0.414
5	管道刷银粉漆第二遍	11-57	10m^2	0.414
6	螺纹阀门安装 *DN*32	8-244	个	5
7	铸铁散热器柱型组成安装	8-491	10 片	11.4

【**例 3-20**】 已知某住宅采暖系统采用钢串片（闭式）散热器采暖，其平面布置图如图 3-21，立管连接图如图 3-22 所示，其中所连支管为 *DN*25 的焊接钢管（螺纹连接），试计算其清单工程量。

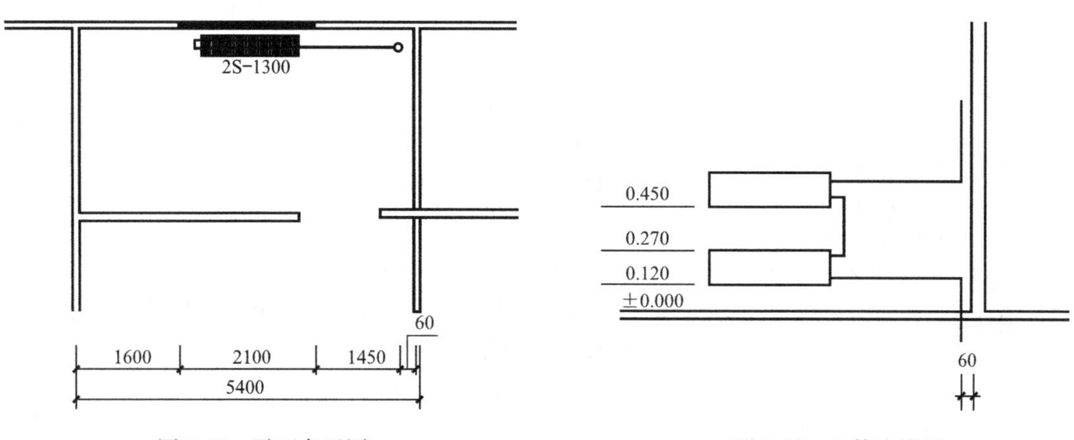

图 3-21　平面布置图

图 3-22　立管连接图

【**解**】

1. 清单工程量

(1) 钢制闭式散热器 2S-1300

$$\text{工程量} = \frac{1 \times 2(\text{每组片数})}{1(\text{计量单位})} = 2$$

(2) 焊接钢管 *DN*25（螺纹连接）

$$\begin{aligned}\text{工程量} &= \left[\frac{5.4}{2}(\text{房间长度一半}) - 0.12(\text{半墙厚}) \right.\\ &\quad \left. - 0.06(\text{立管中心距内墙边距离})\right] \times 2 \\ &\quad - 1.300(\text{钢制闭式散热器的长度}) \\ &= 3.74\text{m}\end{aligned}$$

该钢制闭式散热器工程量见表 3-15。

清单工程量计算表　　　　**表 3-15**

项目编码	项目名称	项目特征描述	计量单位	工程量
031005002001	钢制闭式散热器	钢制闭式散热器 2S-1300	片	2
031001002001	钢管	焊接钢管 *DN*25（螺纹连接）	m	3.74

2. 定额工程量

(1) 钢制闭式散热器

计量单位：片

工程量：$$\frac{1 \times 2(\text{每组片数})}{10(\text{计量单位})} = 0.2$$

套用《全国统一安装工程预算定额（第八册）》GYD—208—2000：8-516

基价：5.50 元；其中人工费 5.11 元，材料费 0.39 元。

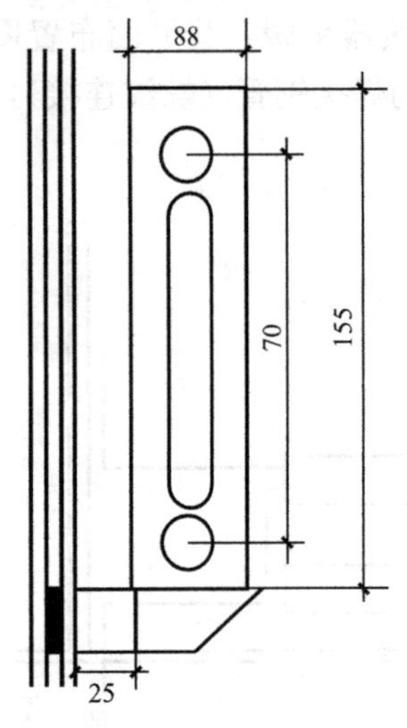

(2) 焊接钢管 $DN25$（螺纹连接）

计量单位：10m

工程量： 3.74/10 = 0.374

套用《全国统一安装工程预算定额（第八册）》GYD—208—2000：8-100

基价：81.37 元；其中人工费 51.08 元，材料费 29.26 元，机械费 1.03 元。

【例 3-21】 某钢制闭式散热器如图 3-23 所示，试计算其工程量。

【解】

根据工程量计算规则，钢制闭式散热器工程量按设计图示数量计算。

图 3-23　钢制闭式散热器示意图

钢制闭式散热器工程量 = 1 片

该钢制闭式散热器工程量见表 3-16。

钢制闭式散热器工程量表　　**表 3-16**

项目编码	项目名称	项目特征描述	计量单位	工程量
031005002001	钢制散热器	钢制闭式散热器，长翼型片	片	1

【例 3-22】 某钢制节能板式散热器如图 3-24 所示，试计算其工程量。

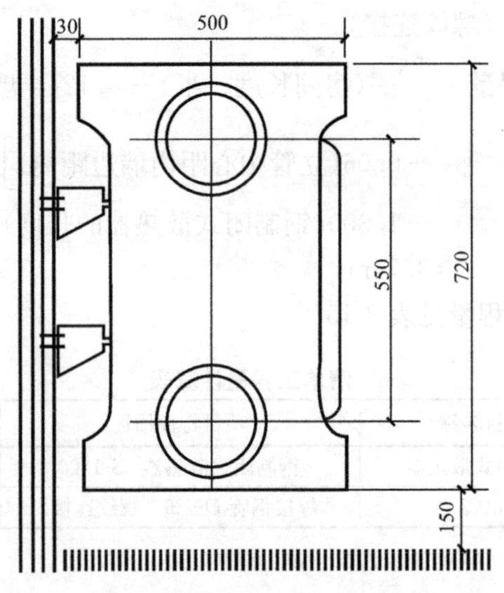

图 3-24　钢制节能板式散热器

【解】

1. 清单工程量

钢制节能板式散热器工程量 = 1 组

清单工程量计算见表 3-17。

清单工程量计算表　　表 3-17

项目编码	项目名称	项目特征描述	计量单位	工程量
031005002001	钢制板式散热器	钢制节能板式散热器	组	1

2. 定额工程量

项目：钢制节能板式散热器

计量单位：组

工程量：1

【例 3-23】 某住宅采用 B 型光排散热器，如图 3-25 所示，五排排管，散热长度为 3.55m，散热高度为 500mm，排管管径为 $D57\times3.5$，散热器外刷红丹防锈漆两道，银粉两道。试计算其清单工程量。

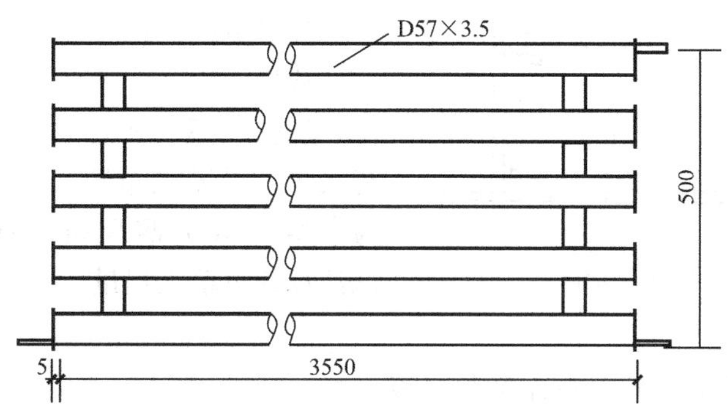

图 3-25　光排管散热器示意图

【解】

光排管散热器制作安装清单工程量：3.55×5=17.75m

该钢制闭式散热器工程量见表 3-18。

清单工程量计算表　　表 3-18

项目编码	项目名称	项目特征描述	计量单位	工程量
031005004001	光排管散热器制作安装	光排管散热器 B 型 $D57\times3.5$	m	17.75

【例 3-24】 某光排管散热器如图 3-26 所示，试计算其工程量。

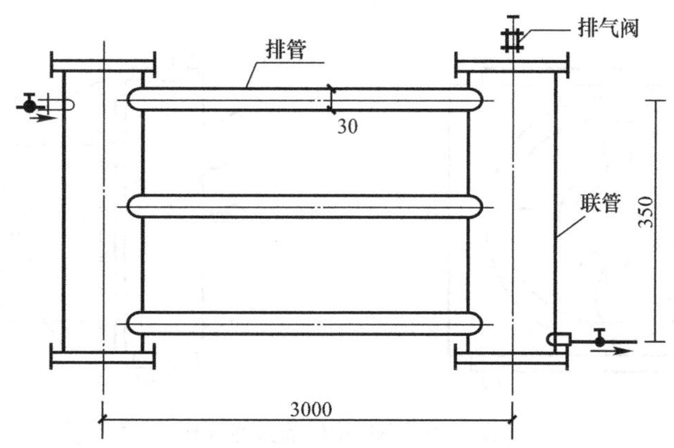

图 3-26　A 型光排管散热器示意图

【解】

1. 清单工程量

$$光排管散热器工程量 = 3 \times 3 = 9m$$

清单工程量计算见表 3-19。

清单工程量计算表 **表 3-19**

项目编码	项目名称	项目特征描述	计量单位	工程量
031005004001	光排管散热器制作安装	A 型排管	m	9

2. 定额工程量

项目：光排管散热器

计量单位：10m

数量：0.9

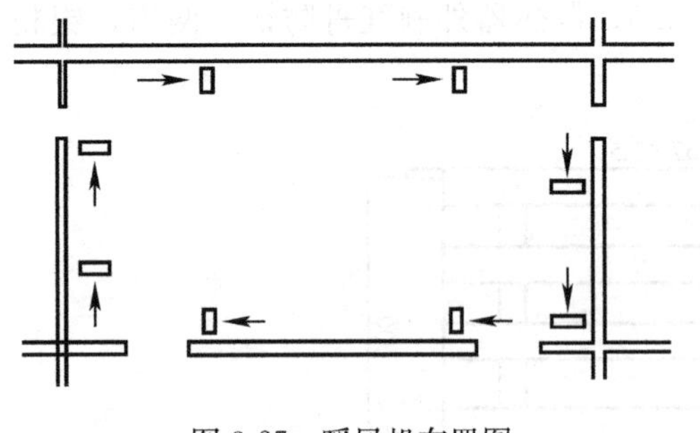

图 3-27 暖风机布置图

【例 3-25】 某大型办公场所采用暖风机进行采暖，暖风机布置如图 3-27 所示，暖风机为小型（NC）暖风机，质量在 100kg 以内，试计算其清单工程量。

【解】

暖风机清单工程量按设计图示数量计算。

$$清单工程量 = 8 台$$

清单工程量计算见表 3-20。

清单工程量计算表 **表 3-20**

项目编码	项目名称	项目特征描述	计量单位	工程量
031005005001	暖风机	小型（NC）暖风机	台	8

【例 3-26】 某大型会议室可容纳 400 人，该会议室安装了如图 3-28 所示的 NC 型轴流式暖风机 8 台，试计算其清单工程量。

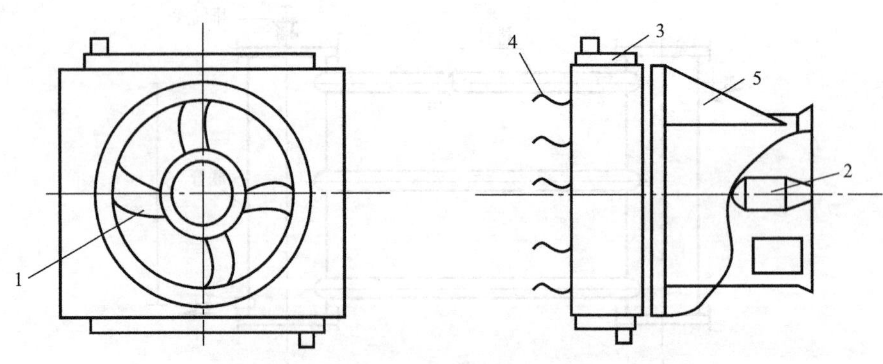

图 3-28 NC 型轴流式暖风机

1—轴流式风机；2—电动机；3—加热器；4—百叶片；5—支架

【解】

NC 型轴流式暖风机清单工程量 = 8 台。

清单工程量计算见表 3-21。

清单工程量计算表　　表 3-21

项目编码	项目名称	项目特征描述	计量单位	工程量
031005005001	暖风机	NC 型轴流式暖风机	台	8

【例 3-27】 图 3-29 为某高水箱坐式大便器安装示意图，试计算其清单工程量。

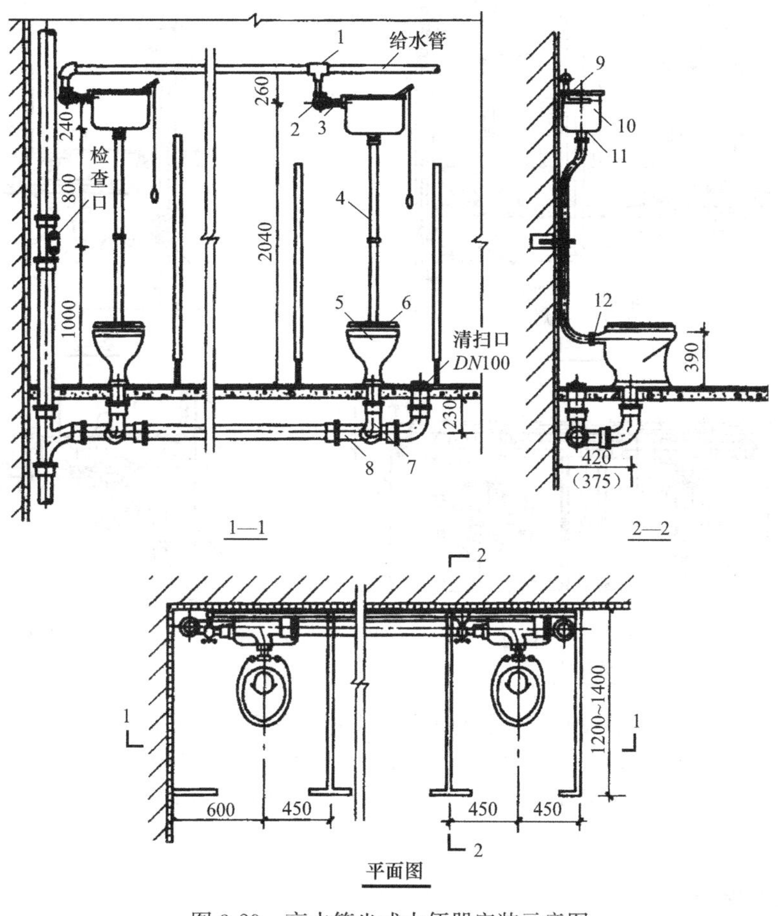

图 3-29　高水箱坐式大便器安装示意图

1、8—通；2—角式截止阀；3—浮球阀配件；4—冲洗管；5—坐式大便器；6—盖板；7、9—弯头；10—高水箱；11—冲洗管配件；12—胶皮碗

【解】

大便器清单工程量按设计图示数量计算。

高水箱坐式大便器：2 组

清单工程量计算见表 3-22。

清单工程量计算表　　表 3-22

项目编号	项目名称	项目特征描述	计量单位	工程量
031004006001	大便器	高水箱坐式	组	2

【例 3-28】 图 3-30 为某低水箱蹲式大便器安装示意图，试计算其清单工程量。

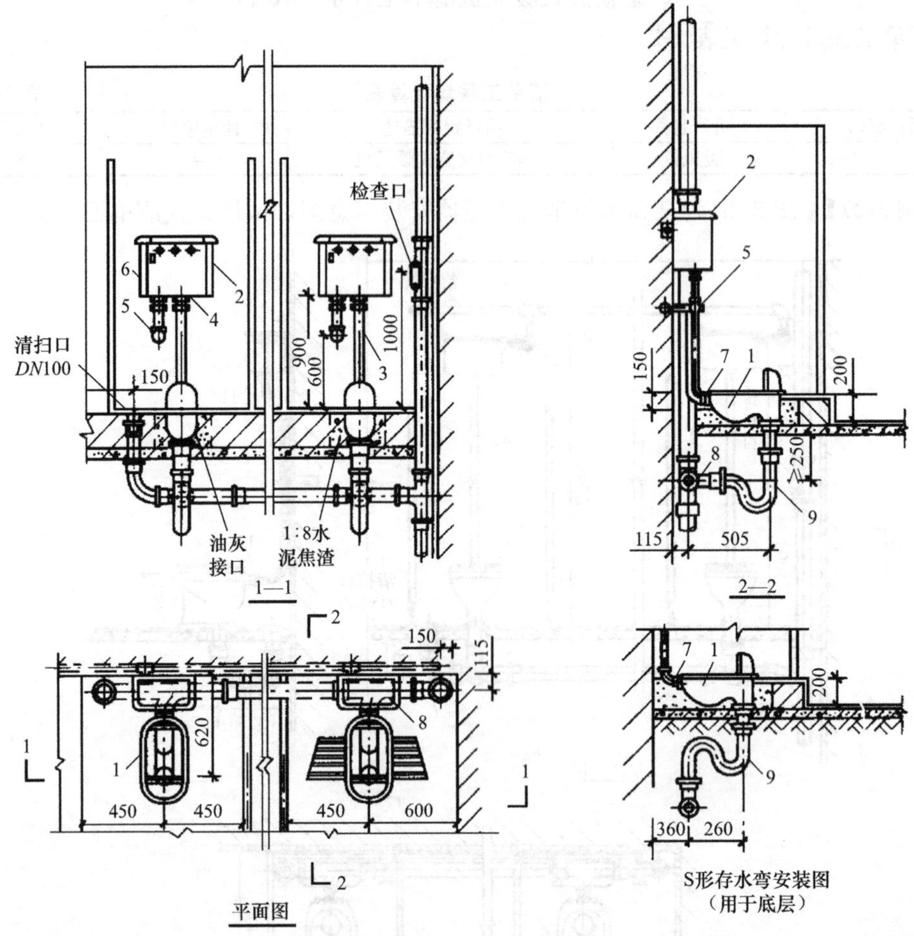

图 3-30 低水箱蹲式大便器安装示意图（一台阶）

1—蹲式大便器；2—低水箱；3—冲洗管；4—冲洗管配件；5—角式截止阀；6—浮球阀配件；7—胶皮碗；8—90°三通；9—存水弯

【解】

1. 清单工程量

大便器清单工程量按设计图示数量计算。

低水箱蹲式大便器：2 组

清单工程量计算见表 3-23。

清单工程量计算表 表 3-23

项目编号	项目名称	项目特征描述	计量单位	工程量
031004006001	大便器	低水箱蹲式	组	2

2. 定额工程量

项目：低水箱蹲式大便器 计量单位：10 套 工程量：0.2

套用《全国统一安装工程预算定额（第八册）》GYD—208—2000：8-408

基价：993.38 元，其中人工费 224.31 元，材料费（不含主材费）769.07 元。

【例 3-29】 某大型商场的男、女卫生间各安装了 2 个如图 3-31 所示的感应式自动干手器，试计算其工程量。

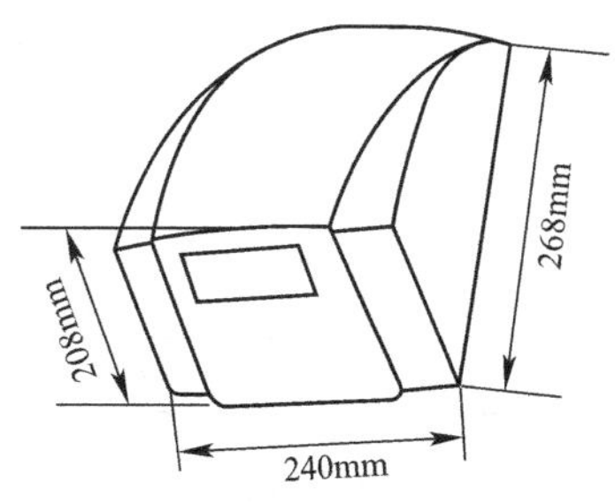

图 3-31 感应式自动干手器

【解】

烘手器清单工程量按设计图示数量计算

烘手器工程量=2×2=4 个

清单工程量计算见表 3-24。

清单工程量计算表 **表 3-24**

项目编号	项目名称	项目特征描述	计量单位	工程量
031004009001	烘手器	感应式自动干手器	个	4

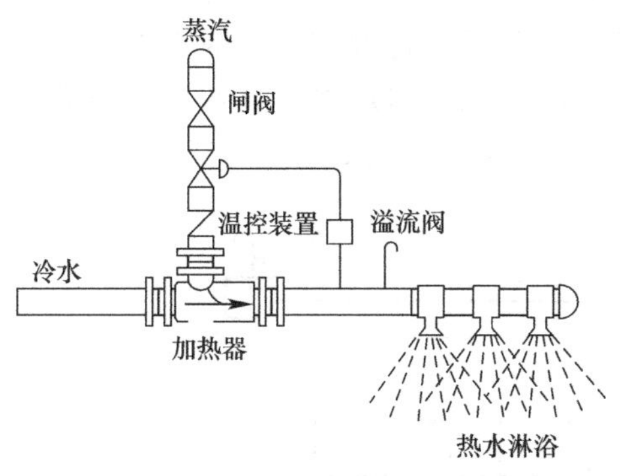

图 3-32 小型单管式蒸汽-水加热器

【例 3-30】 某宾馆房间采用了一套如图 3-32 所示的 SQS 型小型单管式蒸汽-水加热器，用于快速加热被加热水，试计算其工程量。

【解】

1. 清单工程量

蒸汽-水加热器清单工程量按设计图示数量计算

蒸汽-水加热器工程量=1 套

清单工程量计算见表 3-25。

清单工程量计算表 **表 3-25**

项目编号	项目名称	项目特征描述	计量单位	工程量
031004016001	蒸汽-水加热器	SQS 型小型单管式	套	1

2. 定额工程量

项目：小型单管式蒸汽-水加热器

计量单位：10 套

数量：0.1

套用《全国统一安装工程预算定额（第八册）》GYD—208—2000：8-477

基价：347.66 元，其中人工费 158.59 元，材料费（不含主材费）189.07 元。

【例 3-31】 如图 3-33 所示的小型冷热水混合器，试计算其工程量。

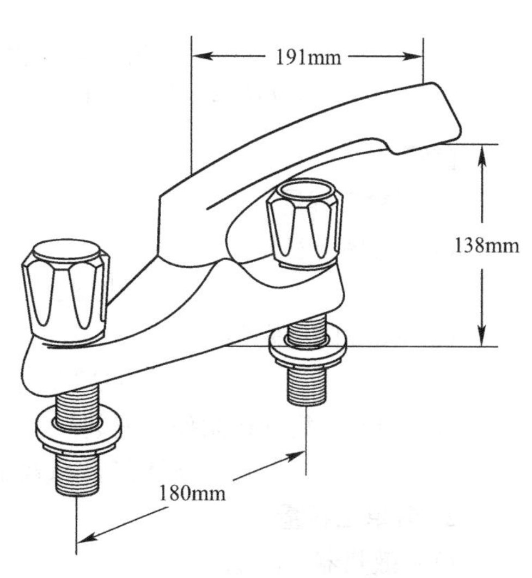

图 3-33 冷热水混合器

【解】

1. 清单工程量

冷热水混合器清单工程量按设计图示数量计算

冷热水混合器工程量=1套

清单工程量计算见表3-26。

清单工程量计算表 表3-26

项目编号	项目名称	项目特征描述	计量单位	工程量
031004017001	冷热水混合器	小型	套	1

2. 定额工程量

项目：小型冷热水混合器

计量单位：10套

数量：0.1

套用《全国统一安装工程预算定额（第八册）》GYD—208—2000：8-478

基价：320.01元，其中人工费65.02元，材料费（不含主材费）254.99元。

【例3-32】 某室内热水采暖系统如图3-34所示，管材采用镀锌钢管，钢管刷两道红丹防锈漆和两道银粉漆。除了散热器支管以外，其余管道均采用*DN*25，散热器支管采用*DN*20，长度与图上所量实际尺寸相对应，试计算该工程项目的工程量。

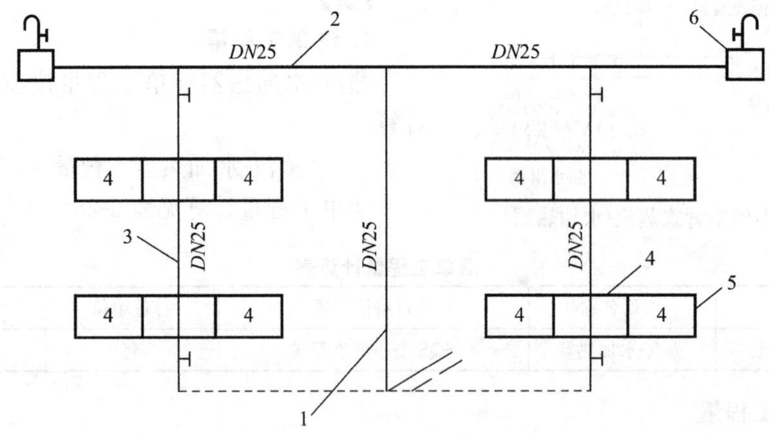

图3-34 室内热水采暖系统（1∶100）

1—主立管；2—供热水平干管；3—立管；4—散热器支管；5—散热器；6—集气罐

【解】

1. 定额工程量

（1）散热器安装

共8组，4×8=3.2（10片）

（2）螺纹阀门安装

*DN*25阀门安装工程量=4个

（3）*DN*25集气罐制作与安装

*DN*25集气罐制作与安装工程量=2个

2. 清单工程量

（1）散热器：32片

（2）螺纹阀门：*DN*25螺纹阀门4个

(3) $DN25$ 集气罐制作与安装：2 个

清单工程量计算见表 3-27。

清单工程量计算表 **表 3-27**

序号	项目编码	项目名称	项目特征描述	计量单位	工程量
1	031005001001	铸铁散热器	8 组，每组 4 片	片	32
2	031003001001	螺纹阀门	$DN25$	个	4
3	031005008001	集气罐	$DN25$	个	2

【例 3-33】 如图 3-35 所示为某立式集气罐，试计算其工程量。

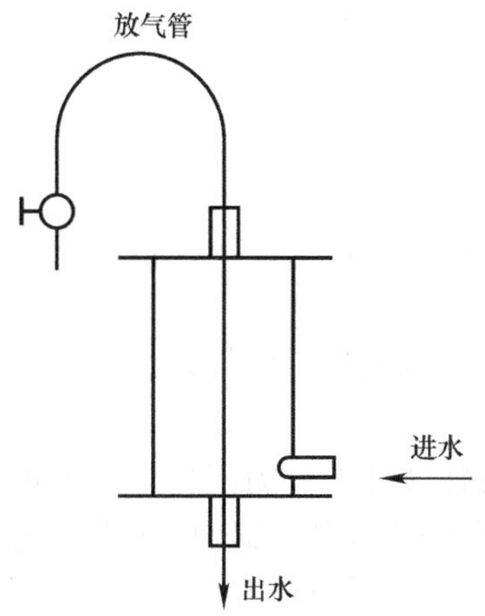

图 3-35 某立式集气罐

【解】

集气罐清单工程量按设计图示数量计算。

集气罐制作与安装工程量=1 个

清单工程量计算见表 3-28。

清单工程量计算表 **表 3-28**

项目编号	项目名称	项目特征描述	计量单位	工程量
031005008001	集气罐	立式	个	1

4 燃气器具及其他工程手工算量与实例精析

4.1 燃气器具及其他工程工程量手算方法

4.1.1 燃气器具及其他

1. 燃气开水炉

(1) 清单工程量

1) 计算公式

$$燃气开水炉工程量 = 图示数量 \quad (台)$$

2) 计算规则及说明

① 燃气开水炉，又称燃气饮水锅炉、燃气茶水锅炉、燃气茶炉等，是生活锅炉的一种，属于常压民用锅炉的范畴。

② 燃气开水锅炉按适用的燃气种类分为液化气开水锅炉、城市煤气开水锅炉、天然气开水锅炉、沼气开水锅炉和焦炉煤气开水锅炉等；按照结构形式分为常压燃气开水锅炉和承压燃气开水锅炉，我们平常所说的燃气开水锅炉指的是常压燃气开水锅炉。

③ 燃气开水炉清单工程量按设计图示数量计算。

(2) 定额工程量

1) 计算公式

$$燃气开水炉工程量 = \frac{燃气开水炉个数}{计量单位} \quad (台)$$

2) 计算规则及说明

燃气开水炉按照不同用途规定型号，分别以“台”为计量单位。

2. 燃气采暖炉

(1) 清单工程量

1) 计算公式

$$燃气采暖炉工程量 = 图示数量 \quad (台)$$

2) 计算规则及说明

① 燃气采暖炉是指通过消耗燃气使其转化为热能而用来采暖的一种设备。它通过燃气管、水管、排气管等连接向用户供暖，用户可以随时根据自己的需要选择供暖时间、温度。

② 燃气采暖炉清单工程量按设计图示数量计算。

(2) 定额工程量

1) 计算公式

$$燃气采暖炉工程量 = \frac{燃气采暖炉个数}{计量单位} \quad (台)$$

2）计算规则及说明

燃气采暖炉按照不同用途规定型号，分别以“台”为计量单位。

3. 燃气沸水器、消毒器

（1）清单工程量

1）计算公式

$$燃气沸水器、消毒器工程量 = 图示数量 \quad（台）$$

2）计算规则及说明

① 燃气沸水器、消毒器适用于容积式沸水器、自动沸水器、燃气消毒器等。

② 燃气沸水器、消毒器清单工程量按设计图示数量计算。

（2）定额工程量

1）计算公式

$$燃气沸水器、消毒器工程量 = \frac{燃气沸水器、消毒器个数}{计量单位} \quad（台）$$

2）计算规则及说明

燃气沸水器、消毒器按照不同用途规定型号，分别以“台”为计量单位。

4. 燃气热水器

（1）清单工程量

1）计算公式

$$燃气热水器工程量 = 图示数量 \quad（台）$$

2）计算规则及说明

① 燃气热水器，又称燃气热水炉，它是指以燃气作为燃料，通过燃烧加热方式将热量传递到流经热交换器的冷水中以达到制备热水目的的一种燃气用具。

② 燃气热水器清单工程量按设计图示数量计算。

（2）定额工程量

1）计算公式

$$燃气热水器工程量 = \frac{燃气热水器个数}{计量单位} \quad（台）$$

2）计算规则及说明

燃气热水器按照不同用途规定型号，分别以“台”为计量单位。

5. 燃气表

（1）清单工程量

1）计算公式

$$燃气表工程量 = 图示数量 \quad（块）$$

或

$$燃气表工程量 = 图示数量 \quad（台）$$

2）计算规则及说明

① 燃气表靠燃气的压力对外做功，推动滚轮计数器计数。

② 燃气表清单工程量按设计图示数量计算。

(2) 定额工程量

1) 计算公式

$$燃气表工程量 = \frac{每户燃气表数量 \times 户数}{计量单位} \quad (块)$$

2) 计算规则及说明

燃气表安装，按照不同规格、型号分别以“块”为计量单位，不包括表托、支架、表底垫层基础，其工程量可根据设计要求另行计算。

6. 燃气灶具

(1) 清单工程量

1) 计算公式

$$燃气灶具工程量 = 图示数量 \quad (台)$$

2) 计算规则及说明

① 燃气灶具适用于人工煤气灶具、液化石油气灶具、天然气燃气灶具等，用途应描述民用或公用，类型应描述所采用气源。

② 燃气灶具类型代号按功能不同，用大写汉语拼音字母表示为：

JZ——表示燃气灶；

JKZ——表示烤箱灶；

JHZ——表示烘烤箱；

JH——表示烘烤器；

JK——表示烤箱；

JF——表示饭锅。

③ 燃气灶具清单工程量按设计图示数量计算。

(2) 定额工程量

1) 计算公式

$$燃气灶具工程量 = \frac{每户灶具数量 \times 户数}{计量单位} \quad (台)$$

2) 计算规则及说明

燃气灶具按照不同用途规定型号，分别以“台”为计量单位。

7. 气嘴

(1) 清单工程量

1) 计算公式

$$气嘴工程量 = 图示数量 \quad (个)$$

2) 计算规则及说明

① 在燃气管道中，气嘴是用于连接金属管与胶管，并与旋塞阀作用的附件。

② 气嘴清单工程量按设计图示数量计算。

(2) 定额工程量

1) 计算公式

$$气嘴工程量 = \frac{气嘴个数}{10} \quad (10个)$$

2）计算规则及说明

气嘴安装按规格型号连接方式，分别以“10个”为计量单位。

8. 调压器

（1）计算公式

$$调压器工程量 = 图示数量 \quad （台）$$

（2）计算规则及说明

1）调压器俗称减压阀，是通过自动改变经调节阀的燃气流量而使出口燃气保持规定压力的设备，其是液化石油气安全燃烧的一个重要部件，连通在钢瓶与炉具之间。

2）调压器清单工程量按设计图示数量计算。

9. 燃气抽水缸

（1）计算公式

$$燃气抽水缸工程量 = 图示数量 \quad （个）$$

（2）计算规则及说明

1）燃气抽水缸是为了排除燃气管道中的冷凝水和天然气管道中的轻质油而设置的燃气管道附属设备。

2）燃气抽水缸清单工程量按设计图示数量计算。

10. 燃气管道调长器

（1）清单工程量

1）计算公式

$$燃气管道调长器工程量 = 图示数量 \quad （个）$$

2）计算规则及说明

① 燃气管道调长器是利用其工作主体有效伸缩变形，以吸收管线、导管、容器等由热胀冷缩等原因产生的尺寸变化，或补偿管线、导管、容器等的轴向、横向和角向位移，也可用于降噪减振。

② 燃气管道调长器清单工程量按设计图示数量计算。

（2）定额工程量

1）计算公式

$$燃气管道调长器工程量 = \frac{燃气管道调长器个数}{计量单位} \quad （个）$$

2）计算规则及说明

① 燃气管道调长器及调长器与阀门连接，包括一副法兰安装，螺栓规格和数量以压力为0.6MPa的法兰装配；若压力不同，可按设计要求的数量、规格进行调整，其他不变。

② 燃气管道调长器安装，以“个”为计量单位。

11. 调压箱、调压装置

（1）计算公式

$$调压箱、调压装置工程量 = 图示数量 \quad （台）$$

（2）计算规则及说明

1）调压箱（柜）是指将调压装置放置于专用箱体，设于建筑物的附近，承担用气压力的调节，包括调压装置和箱体。

2）调压箱、调压装置安装部位应区分室内、室外。

3）调压箱、调压装置清单工程量按设计图示数量计算。

12. 引入口砌筑

（1）计算公式

$$\text{引入口砌筑工程量} = \text{图示数量} \quad (\text{处})$$

（2）计算规则及说明

1）引入口有无地下室地下引入口、有地下室地下引入口、地上引入口等方式，砌筑做法可以参见暖通国家标准图集。

2）引入口砌筑形式，应注明地上、地下。

3）引入口砌筑清单工程量按设计图示数量计算。

4.1.2 医疗气体设备及附件

1. 制氧机

（1）计算公式

$$\text{制氧机工程量} = \text{图示数量} \quad (\text{台})$$

（2）计算规则及说明

制氧机清单工程量按设计图示数量计算。

2. 液氧罐

（1）计算公式

$$\text{液氧罐工程量} = \text{图示数量} \quad (\text{台})$$

（2）计算规则及说明

液氧罐清单工程量按设计图示数量计算。

3. 二级稳压箱

（1）计算公式

$$\text{二级稳压箱工程量} = \text{图示数量} \quad (\text{台})$$

（2）计算规则及说明

二级稳压箱清单工程量按设计图示数量计算。

4. 气体汇流排

（1）计算公式

$$\text{气体汇流排工程量} = \text{图示数量} \quad (\text{组})$$

（2）计算规则及说明

1）气体汇流排适用于氧气、二氧化碳、氮气、笑气、氩气、压缩空气等医用气体汇流排安装。

2）气体汇流排清单工程量按设计图示数量计算。

3）表 4-1 为常见气体汇流排的基本参数。

常见气体汇流排的基本参数　　表 4-1

名　称	输入压力	输出压力	流量（m^3/h）	汇集瓶数
氧气汇流排	15	0.1～4	4～1000	5～30
氢气汇流排	15	0.1～4	150～250	5～30
氮气汇流排	15	0.1～4	60～250	5～30
二氧化碳汇流排	15	0.1～4	60～250	5～30

5. 集污罐

（1）计算公式

集污罐工程量 = 图示数量　（个）

（2）计算规则及说明

集污罐清单工程量按设计图示数量计算。

6. 刷手池

（1）计算公式

刷手池工程量 = 图示数量　（组）

（2）计算规则及说明

1）一般采用不锈钢刷手池，一般有二人刷手池和三人刷手池两种形式。

2）刷手池清单工程量按设计图示数量计算。

7. 医用真空罐

（1）计算公式

医用真空罐工程量 = 图示数量　（台）

（2）计算规则及说明

医用真空罐清单工程量按设计图示数量计算。

8. 气水分离器

（1）计算公式

气水分离器工程量 = 图示数量　（台）

（2）计算规则及说明

气水分离器是用于含液系统中将气体与液体分离的设备，其清单工程量按设计图示数量计算。

9. 干燥机

（1）计算公式

干燥机工程量 = 图示数量　（台）

（2）计算规则及说明

干燥机清单工程量按设计图示数量计算。

10. 储气罐

（1）计算公式

储气罐工程量 = 图示数量　（台）

（2）计算规则及说明

储气罐是指专门用来储存气体的设备，其清单工程量按设计图示数量计算。

11. 空气过滤器

(1) 计算公式

$$空气过滤器工程量 = 图示数量 \quad (个)$$

(2) 计算规则及说明

1) 空气过滤器适用于医用气体预过滤器、精过滤器、超精过滤器等安装。

2) 空气过滤器清单工程量按设计图示数量计算。

12. 集水器

(1) 计算公式

$$集水器工程量 = 图示数量 \quad (台)$$

(2) 计算规则及说明

集水器是将多路进水通过一个容器一路输出的设备，其清单工程量按设计图示数量计算。

13. 医疗设备带

(1) 计算公式

$$医疗设备带工程量 = 医疗设备带的长度 \quad (m)$$

(2) 计算规则及说明

1) 医疗设备带又称为气体设备带，一般用于医院病房内，可以装载气体终端、电源开关及插座等设备。

2) 医疗设备带清单工程量按设计图示长度计算。

14. 气体终端

(1) 计算公式

$$气体终端工程量 = 图示数量 \quad (个)$$

(2) 计算规则及说明

1) 气体终端是连接医院中央供气系统与医疗设备的关键节点。

2) 气体终端清单工程量按设计图示数量计算。

4.1.3 采暖、空调水工程系统调试

1. 采暖工程系统调试

(1) 计算公式

$$采暖工程系统调试工程量 = 系统个数 \quad (系统)$$

(2) 计算规则及说明

1) 由采暖管道、管件、阀门、法兰、供暖器具组成采暖工程系统。

2) 当采暖工程系统中管道工程量发生变化时，系统调试费用应作相应调整。

3) 采暖工程系统调试清单工程量按采暖工程系统计算。

2. 空调水工程系统调试

(1) 计算公式

$$空调水工程系统调试工程量 = 系统个数 \quad (系统)$$

(2) 计算规则及说明

1) 由空调水管道、管件、阀门、法兰、冷水机组组成空调水工程系统。

2) 当空调水工程系统中管道工程量发生变化时，系统调试费用应作相应调整。

3）空调水工程系统调试清单工程量按空调水工程系统计算。

4.2 燃气器具及其他工程工程量手算实例解析

【例 4-1】 某工程燃气开水炉类型为 JL-150，煤气连接采用焊接法兰阀连接，所用燃气表流量 3.7m^3/h，如图 4-1 所示，试计算其清单工程量。

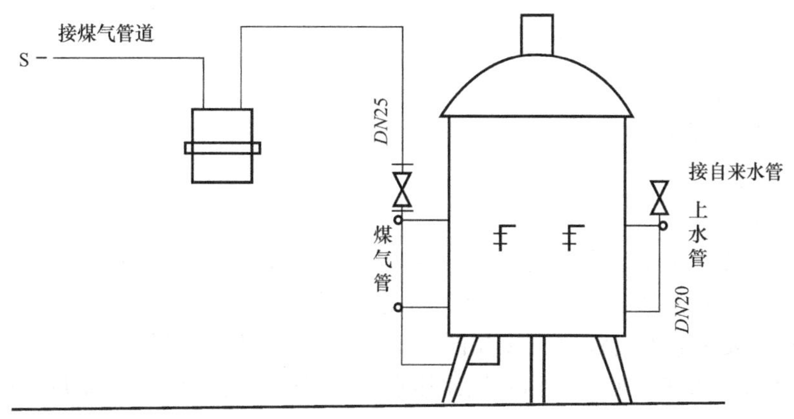

图 4-1 燃气开水炉示意图

【解】

燃气开水炉清单工程量按设计图示数量计算。

燃气开水炉 JL-150 工程量=1 台

燃气表清单工程量按设计图示数量计算。

燃气表 3.7m^3/h 工程量=1 块

清单工程量计算表见表 4-2。

清单工程量计算表 **表 4-2**

项目编号	项目名称	项目特征描述	计量单位	工程量
031007001001	燃气开水炉	类型为 JL-150	台	1
031007005001	燃气表	流量 3.7m^3/h	块	1

【例 4-2】 某箱式燃气采暖炉，如图 4-2 所示，试计算其工程量。

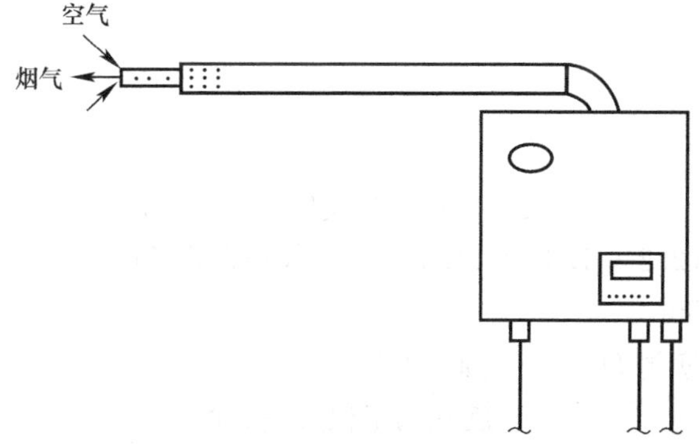

图 4-2 箱式燃气采暖炉

【解】

1. 清单工程量

燃气采暖炉工程量=1台

清单工程量计算见表4-3。

清单工程量计算表 **表4-3**

项目编号	项目名称	项目特征描述	计量单位	工程量
031007002001	燃气采暖炉	箱式	台	1

2. 定额工程量

项目：燃气采暖炉

计量单位：台

工程量：1

套用《全国统一安装工程预算定额（第八册）》GYD—208—2000：8-638

基价：15.50元；其中人工费13.00元，材料费2.50元。

【例4-3】 某住宅燃气管道连接如图4-3所示，用户使用双眼灶具JZ—2，燃气表为$2m^3/h$的单表头燃气表，使用平衡式快速热水器，室内管道为镀锌钢管*DN*20，试计算其清单工程量。

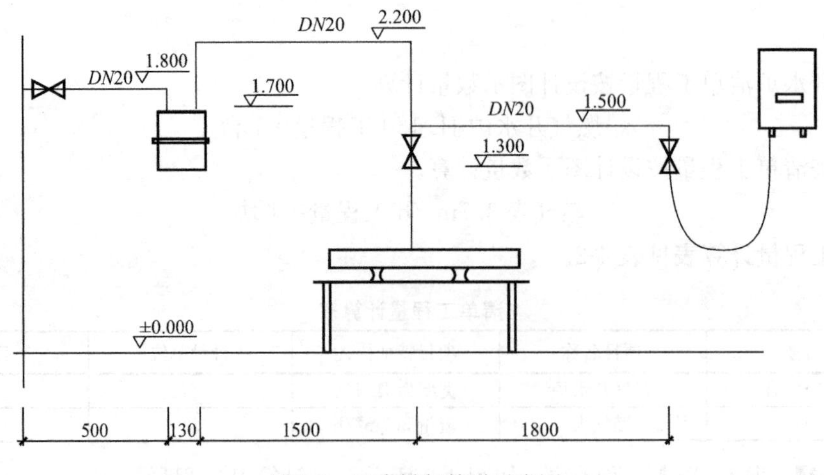

图4-3 室内燃气管道示意图

【解】

1. 清单工程量

(1) 镀锌钢管*DN*20

工程量=(0.5+1.5+1.8)(水平管长度)+[(1.8−1.7)+(2.2−1.7)+(2.2−1.3)+(1.5−1.3)](竖直管长度)

=5.5m

(2) 螺纹阀门旋塞阀*DN*20，球阀*DN*20

旋塞阀工程量=2个

球阀工程量=1个

（3）单表头燃气表 $2m^3/h$

工程量=1 块

（4）燃气快速热水器直排式

工程量=1 台

（5）气灶具

双眼灶具 JZ—2 工程量=1 台

清单工程量计算见表 4-4。

清单工程量计算表 **表 4-4**

项目编码	项目名称	项目特征描述	计量单位	工程量
031001001001	镀锌钢管	*DN*20	m	5.5
031003001001	旋塞阀	*DN*20	个	2
031003001002	球阀	*DN*20	个	1
031007005001	燃气表	单表头燃气表 $2m^3/h$	块	1
031007004001	燃气快速热水器	直排式	台	1
031007006001	燃气灶具	双眼灶具 JZ—2	台	1

2. 定额工程量

（1）镀锌钢管 *DN*20 安装

计量单位：10m

工程量=5.5/10=0.55

套用《全国统一安装工程预算定额（第八册）》GYD—208—2000：8-590

基价：69.82 元；其中人工费 42.96 元，材料费 22.44 元，机械费 4.42 元

（2）螺纹阀门 *DN*20 安装

计量单位：个

$$工程量=\frac{2(旋塞阀)+1(球阀)}{1(计量单位)}=3$$

套用《全国统一安装工程预算定额（第八册）》GYD—208—2000：8-242

基价：5.00 元；其中人工费 2.32 元，材料费 2.68 元

（3）燃气计量表 $2m^3/h$ 单表头

计量单位：块

$$工程量=\frac{1(块数)}{1(计量单位)}=1$$

套用《全国统一安装工程预算定额（第八册）》GYD—208—2000：8-623

基价：11.85 元；其中人工费 11.61 元，材料费 0.24 元

（4）燃气快速热水器

计量单位：台

$$工程量=\frac{1(台数)}{1(计量单位)}=1$$

套用《全国统一安装工程预算定额（第八册）》GYD—208—2000：8-645

基价：75.12 元；其中人工费 32.51 元，材料费 42.61 元

(5) 燃气灶具

计量单位：台

$$工程量=\frac{1(台数)}{1(计量单位)}=1$$

套用《全国统一安装工程预算定额（第八册）》GYD—208—2000：8-648

基价：8.86 元；其中人工费 6.50 元，材料费 2.36 元。

【例 4-4】 某 5 层住宅楼煤气系统图如 4-4 所示，该楼用户均采用流量为 1.2m³/h 的燃气计量表，灶具为双眼灶 JZ-2，立管由地下引至地上五层，穿越楼板用镀锌铁皮套管，用户支管穿墙用钢套管。试计算该立管工程量，及用户内器具选用配件工程量。

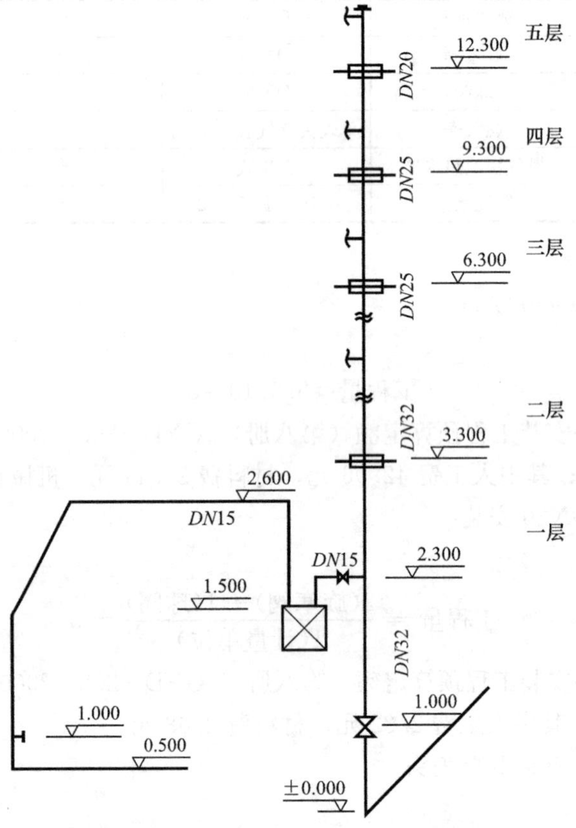

图 4-4　5 层住宅楼煤气系统图

【解】

1. 清单工程量

(1) 立管

1) 镀锌钢管 $DN32$

工程量 = (3.3 − 1.0)(标高差) + 2.3(二层接出支管距该层地面的距离)
= 4.6m

2) 镀锌钢管 $DN25$

工程量 = (9.3 − 6.3) × 2 = 6.0m

3）镀锌钢管 $DN20$

$$工程量=(12.3-9.3)\times 1=3.0m$$

（2）燃气表 1.2m^3/h

$$工程量=1\times 5=5块$$

（3）气灶具双眼灶 JZ-2

$$工程量=1\times 5=5台$$

（4）阀门工程量

1）$DN15$ 球阀螺纹连接

$$螺纹阀门DN15工程量=1\times 5=5个$$

2）$DN15$ 旋塞阀，螺纹连接

$$DN15旋塞阀工程量=1\times 5=5个$$

2. 定额工程量

（1）立管

1）镀锌钢管 $DN32$

计量单位：10m

$$工程量=\frac{(3.3-1.0)(标高差)+2.3(二层接出支管距该层地面的距离)}{10(计量单位)}$$
$$=0.46$$

套用《全国统一安装工程预算定额（第八册）》GYD—208—2000：8-592

基价：97.54 元；其中人工费 51.08 元，材料费 43.67 元，机械费 2.79 元。

2）镀锌钢管 $DN25$

计量单位：10m

$$工程量=\frac{(9.3-6.3)(标高差)\times 2}{10(计量单位)}=0.6$$

套用《全国统一安装工程预算定额（第八册）》GYD—208—2000：8-591

基价：84.67 元；其中人工费 50.97 元，材料费 31.31 元，机械费 2.39 元。

3）镀锌钢管 $DN20$

计量单位：10m

$$工程量=\frac{(12.3-9.3)(标高差)\times 1(两层)}{10(计量单位)}=0.3$$

套用《全国统一安装工程预算定额（第八册）》GYD—208—2000：8-590

基价：69.82 元；其中人工费 42.96 元，材料费 22.44 元，机械费 4.42 元。

（2）燃气表 1.2m^3/h

计量单位：块

$$工程量=\frac{1.0(每户数量)\times 5(户数)}{1(计量单位)}=5$$

套用《全国统一安装工程预算定额（第八册）》GYD—208—2000：8-621

基价：9.30 元；其中人工费 9.06 元，材料费 0.24 元。

(3) 气灶具双眼灶 JZ-2

计量单位：台

$$工程量=\frac{1.0(每户灶具数量)\times 5(户数)}{1(计量单位)}=5$$

套用《全国统一安装工程预算定额（第八册）》GYD—208—2000：8-648

基价：8.86 元；其中人工费 6.50 元，材料费 2.36 元。

(4) 阀门工程量

1) *DN*15 球阀螺纹连接

计量单位：个

$$工程量=\frac{1.0(每户数量)\times 5}{1.0(计量单位)}=5$$

套用《全国统一安装工程预算定额（第八册）》GYD—208—2000：8-241

基价：4.43 元；其中人工费 2.32 元，材料费 2.11 元。

2) *DN*15 旋塞阀螺纹连接

计量单位：个

$$工程量=\frac{1.0(每户数量)\times 5}{1.0(计量单位)}=5$$

套用《全国统一安装工程预算定额（第八册）》GYD—208—2000：8-241

基价：4.43 元；其中人工费 2.32 元，材料费 2.11 元。

【例 4-5】 某建筑燃气立管敷设在外墙上，燃气立管采用镀锌钢管，引入管采用 *D*57×3.5 无缝钢管，该燃气由中压管道经调节器后供给用户，调压器设在专用箱体内，调压箱挂在外墙壁上，调压箱底部距室外地坪高 1.5m，如图 4-5 所示。其中标高 0.600 处设清扫口，采用法兰连接，镀锌钢管外刷防锈漆两道，银粉漆两道，试计算其工程量。

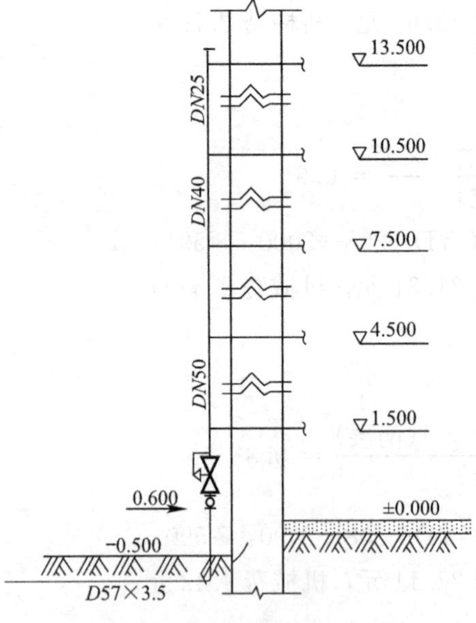

图 4-5 煤气系统图

【解】

1. 清单工程量

(1) *DN*50 调压器安装

工程量=1 个

(2) *DN*50 法兰焊接连接

工程量：1 副

(3) *DN*50 镀锌钢管

工程量=7.5−1.5=6m

(4) *DN*40 镀锌钢管

工程量=10.5−7.5=3m

(5) *DN*25 镀锌钢管

工程量=13.5−10.5+0.2=3.2m

清单工程量计算见表 4-5。

清单工程量计算表 **表 4-5**

项目编码	项目名称	项目特征描述	计量单位	工程量
031007008001	调压器	*DN*50	个	1
031003011001	焊接法兰	*DN*50	副	1
031001001001	镀锌钢管	*DN*50	m	6
031001001002	镀锌钢管	*DN*40	m	3
031001001003	镀锌钢管	*DN*25	m	3.2

2. 定额工程量

(1) *DN*50 煤气调压器安装

计量单位：个

工程量=1

(2) *DN*50 法兰焊接连接

计量单位：副

工程量=1

套用《全国统一安装工程预算定额（第八册）》GYD—208—2000：8-191

基价：20.98 元；其中人工费 6.73 元，材料费 7.57 元，机械费 6.68 元

(3) *DN*50 镀锌钢管

1) *DN*50 镀锌钢管安装

计量单位：10m

工程量=6/10=0.6

套用《全国统一安装工程预算定额（第八册）》GYD—208—2000：8-567

基价：73.53 元；其中人工费 19.97 元，材料费 47.17 元，机械费 6.39 元

2) 钢管外刷防锈漆第一遍

计量单位：$10m^2$

$$工程量 = (1.89 \times 0.6)/10 = 0.1134$$

套用《全国统一安装工程预算定额（第十一册）》GYD—211—2000：11-53

基价：7.40 元；其中人工费 6.27 元，材料费 1.13 元

3) 钢管外刷防锈漆第二遍

计量单位：$10m^2$

$$工程量 = (1.89 \times 0.6)/10 = 0.1134$$

套用《全国统一安装工程预算定额（第十一册）》GYD—211—2000：11-54

基价：7.28 元；其中人工费 6.27 元，材料费 1.01 元

4) 钢管外刷银粉漆第一遍

计量单位：$10m^2$

$$工程量 = (1.89 \times 0.6)/10 = 0.1134$$

套用《全国统一安装工程预算定额（第十一册）》GYD—211—2000：11-56

基价：11.31 元；其中人工费 6.50 元，材料费 4.81 元

5）钢管外刷银粉漆第二遍

计量单位：$10m^2$

$$工程量 = (1.89 \times 0.6)/10 = 0.1134$$

套用《全国统一安装工程预算定额（第十一册）》GYD—211—2000：11-57

基价：10.64 元；其中人工费 6.27 元，材料费 4.37 元

（4）*DN*40 镀锌钢管

1）*DN*40 镀锌钢管安装

计量单位：10m

$$工程量 = 3/10 = 0.3$$

套用《全国统一安装工程预算定额（第八册）》GYD—208—2000：8-566

基价：56.22 元；其中人工费 18.58 元，材料费 32.59 元，机械费 5.05 元

2）钢管外刷防锈漆第一遍

计量单位：$10m^2$

$$工程量 = (1.51 \times 0.3)/10 = 0.0435$$

套用《全国统一安装工程预算定额（第十一册）》GYD—211—2000：11-53

基价：7.40 元；其中人工费 6.27 元，材料费 1.13 元

3）钢管外刷防锈漆第二遍

计量单位：$10m^2$

$$工程量 = (1.51 \times 0.3)/10 = 0.0435$$

套用《全国统一安装工程预算定额（第十一册）》GYD—211—2000：11-54

基价：7.28 元；其中人工费 6.27 元，材料费 1.01 元

4）钢管外刷银粉漆第一遍

计量单位：$10m^2$

$$工程量 = (1.51 \times 0.3)/10 = 0.0435$$

套用《全国统一安装工程预算定额（第十一册）》GYD—211—2000：11-56

基价：11.31 元；其中人工费 6.50 元，材料费 4.81 元

5）钢管外刷银粉漆第二遍

计量单位：$10m^2$

$$工程量 = (1.51 \times 0.3)/10 = 0.0435$$

套用《全国统一安装工程预算定额（第十一册）》GYD—211—2000：11-57

基价：10.64 元；其中人工费 6.27 元，材料费 4.37 元

（5）*DN*25 镀锌钢管

1）*DN*25 镀锌钢管安装

计量单位：10m

$$工程量 = 3.2/10 = 0.32$$

套用《全国统一安装工程预算定额（第八册）》GYD—208—2000：8-564

基价：42.56 元；其中人工费 15.79 元，材料费 22.48 元，机械费 4.29 元

2）钢管外刷防锈漆第一遍

计量单位：$10m^2$

$$工程量 = (1.05 \times 0.32)/10 = 0.0336$$

套用《全国统一安装工程预算定额（第十一册）》GYD—211—2000：11-53

基价：7.40 元；其中人工费 6.27 元，材料费 1.13 元

3）钢管外刷防锈漆第二遍

计量单位：$10m^2$

$$工程量 = (1.05 \times 0.32)/10 = 0.0336$$

套用《全国统一安装工程预算定额（第十一册）》GYD—211—2000：11-54

基价：7.28 元；其中人工费 6.27 元，材料费 1.01 元

4）钢管外刷银粉漆第一遍

计量单位：$10m^2$

$$工程量 = (1.05 \times 0.32)/10 = 0.0336$$

套用《全国统一安装工程预算定额（第十一册）》GYD—211—2000：11-56

基价：11.31 元；其中人工费 6.50 元，材料费 4.81 元

5）钢管外刷银粉漆第二遍

计量单位：$10m^2$

$$工程量 = (1.05 \times 0.32)/10 = 0.0336$$

套用《全国统一安装工程预算定额（第十一册）》GYD—211—2000：11-57

基价：10.64 元；其中人工费 6.27 元，材料费 4.37 元

【例 4-6】 如图 4-6 所示为液化石油气单瓶供应系统，试计算其清单工程量。

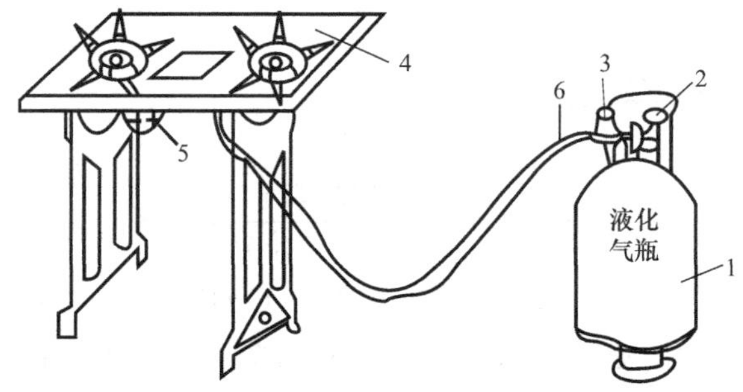

图 4-6 液化石油气单瓶供应系统图示

1—钢瓶；2—钢瓶角阀；3—调压器；4—燃具；5—燃具开关；6—耐油胶管

【解】

燃气灶具工程量＝1 台

螺纹阀门工程量＝1 个

调压器工程量＝1 个

此图示中液化石油气单瓶供应系统的清单工程量见表 4-6。

清单工程量计算表 **表 4-6**

项目编码	项目名称	项目特征描述	计量单位	工程量
031007006001	燃气灶具	双眼灶具	台	1
031003001001	螺纹阀门	钢瓶角阀	个	1
031007008001	调压器	*DN*50	个	1

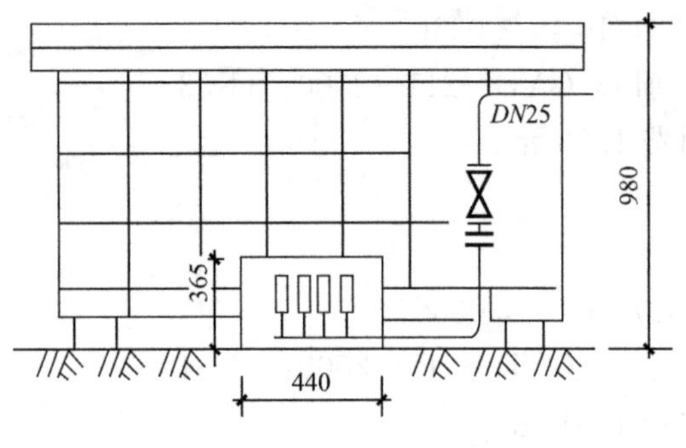

图 4-7 砖砌蒸锅灶示意图

【例 4-7】 某砖砌蒸锅灶如图 4-7 所示，燃烧器负荷为 65kW，嘴数为 28 孔，烟道为 160×210，煤气进入管采用规格为 *DN*25（焊接）镀锌钢管，试计算其清单工程量和定额工程量。

【解】

1. 清单工程量

（1）XN15 型单嘴内螺纹气嘴

工程量＝28 个

（2）*DN*25 焊接法兰

工程量＝1 副

（3）*DN*15 法兰旋塞阀

工程量＝1 个

清单工程量计算表见表 4-7。

清单工程量计算表 **表 4-7**

项目编码	项目名称	项目特征描述	计量单位	工程量
031007007001	气嘴	XN15 型单嘴内螺纹气嘴	个	28
031003011001	焊接法兰	*DN*25	副	1
031003003001	法兰旋塞阀	*DN*15	个	1

2. 定额工程量

（1）XN15 型单嘴内螺纹气嘴

计量单位：10 个

$$工程量 = \frac{28(气嘴数)}{10(计量单位)} = 2.8$$

套用《全国统一安装工程预算定额（第八册）》GYD—208—2000：8-680

基价：13.68 元；其中人工费：13.00 元，材料费：0.68 元，机械费：无

（2）*DN*25 焊接法兰

计量单位：副

$$工程量 = \frac{1(副数)}{1(计量单位)} = 1$$

套用《全国统一安装工程预算定额（第八册）》GYD—208—2000：8-189

基价：18.44 元；其中人工费：6.50 元，材料费：5.74 元，机械费：6.20 元

（3）*DN*15 法兰旋塞阀

计量单位：个

$$工程量 = \frac{1(个数)}{1(计量单位)} = 1$$

套用《全国统一安装工程预算定额（第八册）》GYD—208—2000：8-256

基价：69.67 元；其中人工费 8.82 元，材料费 54.65 元，机械费 6.20 元

【例 4-8】 某室内燃气管道局部如图 4-8 所示，燃气管道采用无缝钢管 *D*219×6。外

刷沥青底漆三层，夹玻璃布两层以防腐，试计算该管道清单工程量。

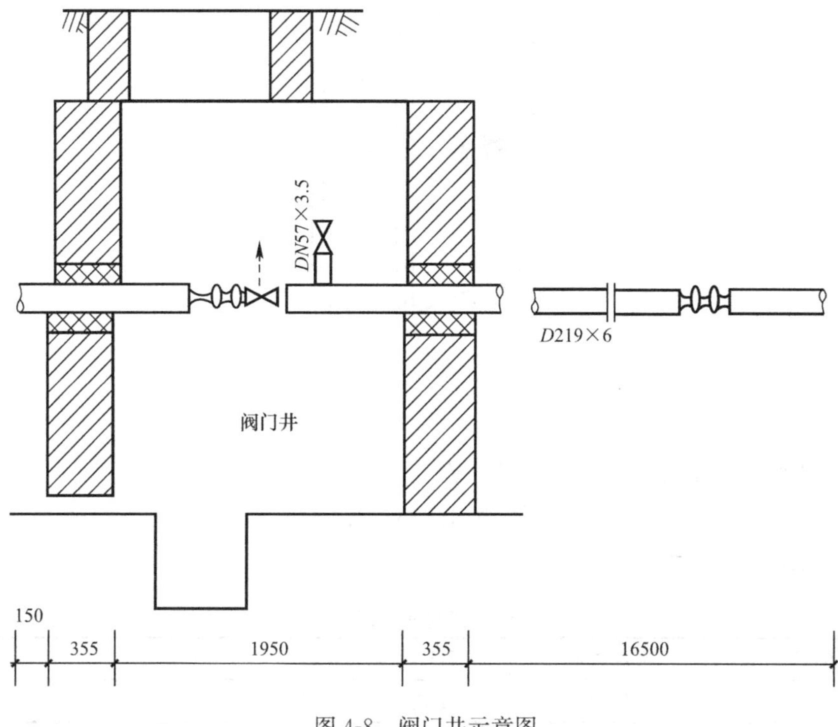

图 4-8 阀门井示意图

【解】

（1）燃气管道调长器 *DN*200

工程量=1 个

（2）焊接法兰阀 *DN*50

工程量=1 个

（3）法兰 *DN*200

工程量=1 副

（4）无缝钢管 *D*219×6

工程量=0.15+0.355+1.95+0.355+16.5=19.31m

清单工程量计算表见表 4-8。

清单工程量计算表 **表 4-8**

项目编码	项目名称	项目特征描述	计量单位	工程量
031007010001	燃气管道调长器	*DN*200	个	1
031003003001	焊接法兰阀门	*DN*50	个	1
031003011001	法兰	*DN*200	副	1
031001002001	钢管	D219×6	m	19.31

【例 4-9】 某疗养院共有 10 间特护房间，每个特护房间配备一台制氧机，如图 4-9 所示，试计算该疗养院特护房间制氧机的工程量。

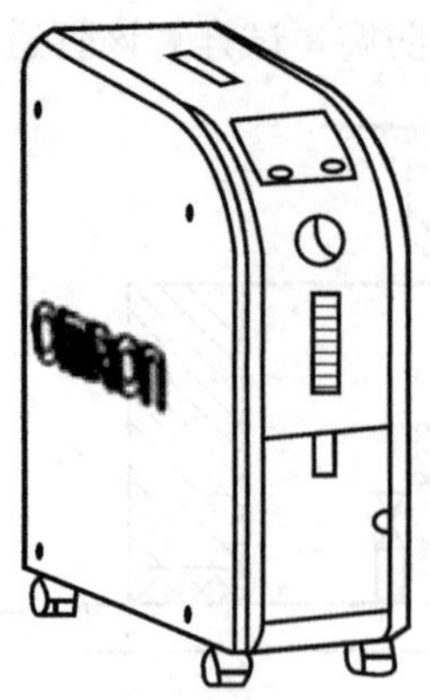

图 4-9　制氧机示意图

【解】

制氧机清单工程量按设计图示数量计算。

制氧机工程量=10 台

清单工程量计算表见表 4-9。

清单工程量计算表　　　　**表 4-9**

项目编码	项目名称	项目特征描述	计量单位	工程量
031008001001	制氧机	按实际要求	台	10

【例 4-10】 某燃气炉户式采暖系统如图 4-10 所示，该采暖系统为双管制，散热器支管管径均为 20mm，该系统装有电表、水表、燃气表各一个，管道长度为所量图上距离。试计算其工程量。

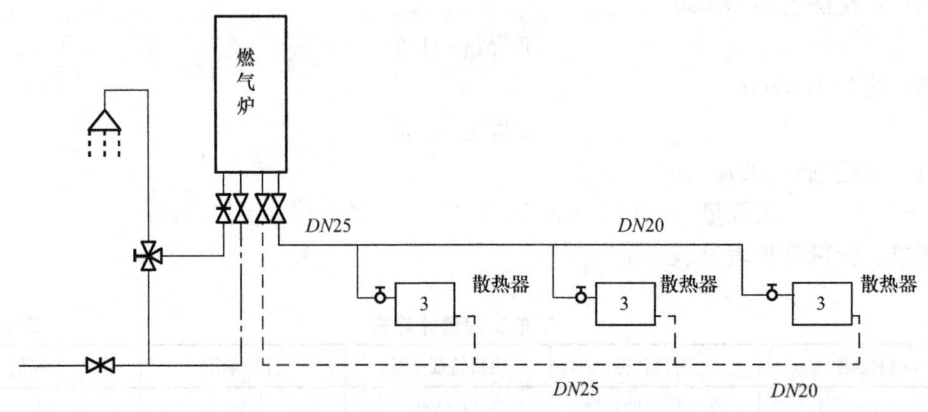

图 4-10　燃气炉户式采暖系统（1∶100）

【解】

1. 定额工程量

(1) 燃气采暖炉

燃气采暖炉工程量=1 台

（2）阀门

1）截止阀 $DN20$

工程量=3 个

2）闸阀 $DN25$

工程量=2 个

（3）暖气片

工程量=3 组×3 片/组=0.9 （10 片）

2. 清单工程量

（1）燃气炉：1 台

（2）截止阀 $DN20$：3 个

（3）闸阀 $DN25$：2 个

（4）散热器 3 组：9 片

清单工程量计算见表 4-10。

清单工程量计算表 **表 4-10**

序号	项目编码	项目名称	项目特征描述	计量单位	工程量
1	031007002001	燃气采暖炉	户式	台	1
2	031003001001	螺纹阀门	截止阀，$DN20$	个	3
3	031003001002	螺纹阀门	闸阀，$DN25$	个	2
4	031005001001	铸铁散热器	暖气片	片	9

【例 4-11】 某燃气炉户式采暖单管系统如图 4-11 所示，试计算该工程中有关采暖系统的工程量。

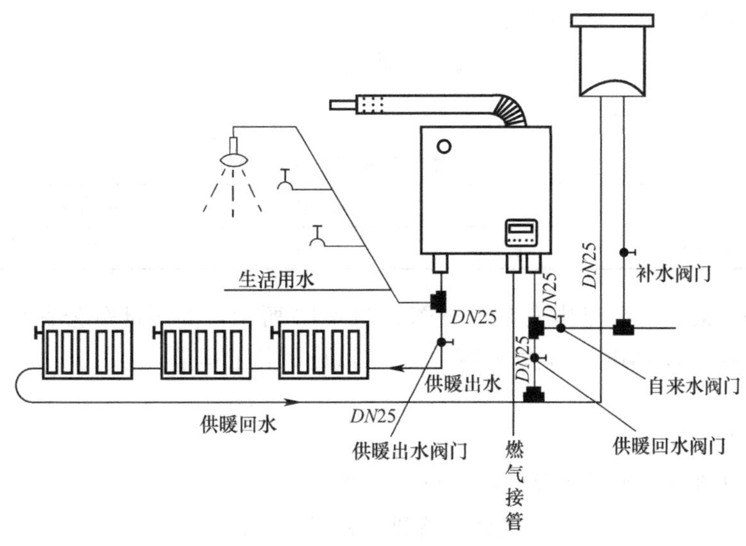

图 4-11 燃气炉户式采暖单管系统（1：100）

【解】

1. 定额工程量

（1）燃气采暖炉

燃气采暖炉工程量=1 台

(2) 散热器

工程量=3组×5片/组=1.5 (10片)

(3) 阀门 $DN25$

工程量=4个

2. 清单工程量

(1) 燃气采暖炉

工程量=1台

(2) 铸铁散热器

工程量=15片

(3) 阀门

工程量=4个

清单工程量计算见表4-11。

清单工程量计算表 **表4-11**

序号	项目编码	项目名称	项目特征描述	计量单位	工程量
1	031007002001	燃气采暖炉	按实际要求	台	1
2	031005001001	铸铁散热器	3组，每组5片	片	15
3	031003001001	螺纹阀门	DN25，螺纹连接	个	4

【例4-12】 某医院安装了三台立式液氧罐，分别通向病房、手术室和高压氧舱，试计算其工程量。

【解】

液氧罐清单工程量按设计图示数量计算。

液氧罐工程量=3台

清单工程量计算见表4-12。

清单工程量计算表 **表4-12**

序号	项目编码	项目名称	项目特征描述	计量单位	工程量
1	031008002001	液氧罐	立式	台	3

【例4-13】 某氨气汇流排安装示意图如图4-12所示，高压部分公称压力为15MPa，减压后工作压力为1.4MPa，汇集气瓶10个，试计算其工程量。

【解】

(1) 气体汇流排

气体汇流排清单工程量按设计图示数量计算

气体汇流排工程量=1组

(2) 阀门

螺纹阀门清单工程量按设计图示数量计算

1) 低压阀门工程量=2个

2) 高压截止阀工程量=4个

3) 截止阀工程量=10个

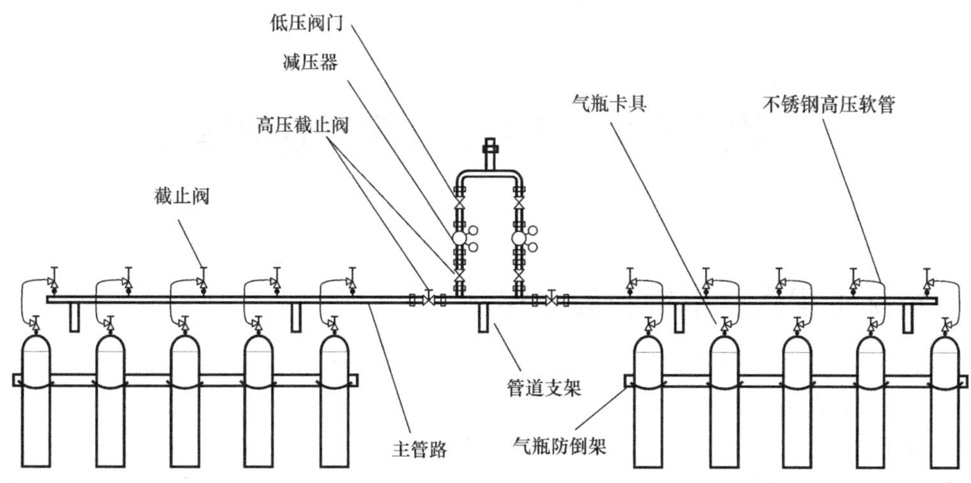

图 4-12　氨气汇流排安装示意图

（3）减压器

减压器清单工程量按设计图示数量计算

减压器工程量=2 个

清单工程量计算见表 4-13。

清单工程量计算表　　**表 4-13**

序号	项目编码	项目名称	项目特征描述	计量单位	工程量
1	031008004001	气体汇流排	氨气气体汇流排	组	1
2	031003006001	减压器	按设计要求	个	2
3	031003001001	螺纹阀门	低压阀门	个	2
4	031003001002	螺纹阀门	高压截止阀	个	4
5	031003001003	螺纹阀门	截止阀	个	10

5 水暖工程清单计价编制应用实例

5.1 招标工程量清单编制应用实例

现以某高校宿舍楼采暖及给水排水安装工程为例，介绍招标工程量清单的编制（由委托工程造价咨询人编制）。

1. 封面

招标工程量清单封面应填写招标工程项目的具体名称，招标人应盖单位公章，如委托工程造价咨询人编制，还应加盖工程造价咨询人所在单位公章。

招标工程量清单封面

某高校宿舍楼采暖及给水排水安装 工程

招标工程量清单

招标人：××公司

（单位盖章）

造价咨询人：××工程造价咨询企业资质专用章

（单位资质专用章）

20××年××月××日

2. 扉页

招标人委托工程造价咨询人编制工程量清单时，由工程造价咨询人单位注册的造价人员编制。工程造价咨询人盖单位资质专用章，法定代表人或其授权人签字或盖章；编制人是造价工程师的，由其签字盖执业专用章；编制人是造价员的，在编制人栏签字盖专用章，应由造价工程师复核，并在复核栏签字盖执业专用章。

招标工程量清单扉页

某高校宿舍楼采暖及给排水安装 工程

招标工程量清单

招标人：××公司（单位盖章）

造价咨询人：××工程造价咨询企业资质专用章（单位资质专用章）

法定代表人或其授权人：××公司法定代表人（签字或盖章）

法定代表人或其授权人：××工程造价咨询企业法定代表人（签字或盖章）

编制人：××签字盖造价工程师或造价员专用章（造价人员签字盖专用章）

复核人：××签字盖造价工程师专用章（造价工程师签字盖专用章）

编制时间：20××年××月××日

复核时间：20××年××月××日

3. 总说明

编制工程量清单时，总说明的内容应包括如下内容：

（1）工程概况：如建设地址、建设规模、工程特征、交通状况、环保要求等。

（2）工程招标和专业工程发包范围。

（3）工程量清单编制依据。

（4）工程质量、材料、施工等的特殊要求。

（5）其他需要说明的问题。

总说明

工程名称：某高校宿舍楼采暖及给排水安装工程　　　　第　页　共　页

1. 工程概况：本工程为某高校宿舍楼采暖及给排水安装工程，计划工期为 35 天。
2. 工程招标和专业工程发包范围：本次招标范围为施工图范围内的采暖、给排水安排工程。
3. 工程量清单编制依据：
(1) 宿舍楼施工图；
(2)《建设工程工程量清单计价规范》GB 50500—2013；
(3)《通用安装工程工程量计算规范》GB 50856—2013；
(4) 拟定的招标文件；
(5) 相关的规范、标准图集和技术资料。
4. 工程质量、材料、施工等的特殊要求。
5. 其他需要说明的问题。

4. 分部分项工程和单价措施项目清单与计价表

编制工程量清单时，分部分项工程和单价措施项目清单与计价表中，“工程名称”栏应填写具体的工程称谓；“项目编码”栏应按相关工程国家计量规范项目编码栏内规定的 9 位数字另加 3 位顺序码填写；“项目名称”栏应按相关工程国家计量规范根据拟建工程实际确定填写；“项目描述”栏应按相关工程国家计量规范根据拟建工程实际予以描述。

分部分项工程和单价措施项目清单与计价表

工程名称：某高校宿舍楼采暖及给排水安装工程　　标段：　　　　第　页　共　页

序号	项目编号	项目名称	项目特征描述	计量单位	工程量	金额（元）		
						综合单价	合价	其中
								暂估价
1	031001002001	钢管	室内焊接钢管安装，*DN*15，螺纹连接	m	1100			
2	031001002002	钢管	室内焊接钢管安装，*DN*20，螺纹连接	m	1600			
3	031001002003	钢管	室内焊接钢管安装，*DN*25，螺纹连接	m	930			
4	031001002004	钢管	室内焊接钢管安装，*DN*32，螺纹连接	m	90			
5	031001002005	钢管	室内焊接钢管安装，*DN*40，手工电弧焊	m	100			
6	031001002006	钢管	室内焊接钢管安装，*DN*50，手工电弧焊	m	190			
7	031001002007	钢管	室内焊接钢管安装，*DN*70，手工电弧焊	m	160			
8	031001002008	钢管	室内焊接钢管安装，*DN*80，手工电弧焊	m	90			
9	031001002009	钢管	室内焊接钢管安装，*DN*100，手工电弧焊	m	60			
10	031003009001	补偿器	方形补偿器制作，*DN*100	个	2			
11	031003009002	补偿器	方形补偿器制作，*DN*80	个	2			
12	031003009003	补偿器	方形补偿器制作，*DN*70	个	4			
13	031003009004	补偿器	方形补偿器制作，*DN*50	个	4			
14	031003001001	螺纹阀门	阀门安装，螺纹连接，J1IT-16-15	个	60			
15	031003001002	螺纹阀门	阀门安装，螺纹连接，J1IT-16-20	个	55			
16	031003001003	螺纹阀门	阀门安装，螺纹连接，J11T-16-25	个	55			
17	031003003001	焊接法兰	阀门安装，螺纹连接，J11T-16-100	个	10			
18	031005001001	铸铁散热器	柱型 813，手工除锈， 刷一次防锈漆、两次银粉漆	片	1000			
19	031003005001	塑料阀门	塑料阀门安装，*DN*20	个	10			
20	031003001001	管道支架	单管吊支架，ϕ20，∟40×4	kg	800			
21	031009001001	采暖工程系统调试	热水采暖系统	系统	1			

续表

序号	项目编号	项目名称	项目特征描述	计量单位	工程量	金额（元）		
						综合单价	合价	其中
								暂估价
22	031001001001	镀锌钢管	*DN*80，室内，给水，螺纹连接	m	100			
23	031001001002	镀锌钢管	*DN*70，室内，给水，螺纹连接	m	80			
24	031001006001	塑料管	*DN*100，室内排水，零件粘接	m	60			
25	031001006002	塑料管	*DN*75，室内排水，零件粘接	m	15			
26	031001007001	复合管	*DN*40，室内排水，螺纹连接	m	26			
27	031001007002	复合管	*DN*20，室内排水，螺纹连接	m	18			
28	031001007003	复合管	*DN*15，室内排水，螺纹连接	m	5			
29	031003001002	管道支架	单管托架，ϕ25，∟25×4	kg	4.5			
30	031003001004	螺纹阀门	*DN*80	个	2			
31	031003001005	螺纹阀门	*DN*40	个	2			
32	031003001006	螺纹阀门	*DN*20	个	2			
33	031003013001	水表	*DN*20	组	5			
34	031004003001	洗脸盆	陶瓷，PT-8，冷热水	组	50			
35	031004010001	淋浴器	金属	组	20			
36	031004006001	大便器	陶瓷	套	50			
37	031004014001	给、排水附（配）件	排水阀，*DN*50	组	5			
38	031004014002	给、排水附（配）件	铜水龙头，*DN*15	个	50			
39	031004014003	给、排水附（配）件	地漏，铸铁，*DN*100	个	20			
40	030901011001	室外消火栓	室外	套	1			
41	030901010001	室内消火栓	室内	套	3			
42	030901012001	消防水泵接合器	地上式消火栓接合器，*DN*100	套	1			
合计								

5. 总价措施项目清单与计价表

编制工程量清单时，总价措施项目清单与计价表中的项目可根据工程实际情况进行增减。

总价措施项目清单与计价表

工程名称：某高校宿舍楼采暖及给排水安装工程　　标段：　　第　页　共　页

序号	项目编码	项目名称	计算基础	费率（%）	金额（元）	调整费率（%）	调整后金额（元）	备注
1	031302001001	安全文明施工费						
2	031302002001	夜间施工增加费						
3	031302004001	二次搬运费						
4	03130205001	冬雨期施工增加费						
5	03130206001	已完工程及设备保护						
合计								

编制人（造价人员）：×××　　审核人（造价工程师）：×××

6. 其他项目清单与计价表

编制招标工程量清单时，其他项目清单与计价汇总表应汇总“暂列金额”和“专业工程暂估价”，以提供给投标报价。

其他项目清单与计价汇总表

工程名称：某高校宿舍楼采暖及给排水安装工程　　　　标段：　　　　　　　　第　页　共　页

序号	项目名称	金额（元）	结算金额（元）	备注
1	暂列金额	10000.00		明细见（1）
2	暂估价	5000.00		
2.1	材料（工程设备）暂估价	—		明细见（2）
2.2	专业工程暂估价	5000.00		明细见（3）
3	计日工			明细见（4）
4	总承包服务费			明细见（5）
5	索赔与现场签证	—		
合计		20000.00		

（1）暂列金额明细表

投标人只需要直接将招标工程量清单中所列的暂列金额纳入投标总价，并且不需要在所列的暂列金额以外再考虑任何其他费用。

暂列金额明细表

工程名称：某高校宿舍楼采暖及给排水安装工程　　　　标段：　　　　　　　　第　页　共　页

序号	项目名称	计量单位	暂列金额（元）	备注
1	政策性调整和材料价格风险	项	8000.00	
2	其他	项	2000.00	
合计			10000.00	

（2）材料（工程设备）暂估单价及调整表

一般而言，招标工程量清单中列明的材料、工程设备的暂估价仅指此类材料、工程设备本身运至施工现场内工地地面价，不包括这些材料、工程设备的安装以及安装所必需的辅助材料以及发生在现场内的验收、存储、保管、开箱、二次搬运、从存放地点运至安装地点以及其他任何必要的辅助工作（以下简称“暂估价项目的安装及辅助工作”）所发生的费用。暂估价项目的安装及辅助工作所发生的费用应该包括在投标报价中的相应清单项目的综合单价中并且固定包死。

材料（工程设备）暂估单价及调整表

工程名称：某高校宿舍楼采暖及给排水安装工程　　　　标段：　　　　　　　　　　第　页　共　页

序号	材料（工程设备）名称、规格、型号	计量单位	数量		暂估（元）		确认（元）		差额元±（元）		备注
			暂估	确认	单价	合价	单价	合价	单价	合价	
1	*DN*15 钢管	m	1100		13.2	14520					
2	*DN*20 钢管	m	1600		15.0	24000					
3	*DN*25 钢管	m	930		25.2	23436					
4	*DN*32 钢管	m	90		20	1800					
5	*DN*40 钢管	m	100		49.5	4950					
6	*DN*50 钢管	m	190		50	9500					
7	*DN*70 钢管	m	160		62.5	10000					
8	*DN*80 钢管	m	90		81	7290					
9	*DN*100 钢管	m	60		100	6000					
合计						101496					

（3）专业工程暂估价及结算价表

专业工程暂估价应在表内填写工程名称、工程内容、暂估金额，投标人应将上述金额计入投标总价中。

专业工程暂估价项目及其表中列明的专业工程暂估价，是指分包人实施专业工程的含税金后的完整价（即包含了该专业工程中所有供应、安装、完工、调试、修复缺陷等全部工作），除了合同约定的发包人应承担的总包管理、协调、配合和服务责任所对应的总承包服务费用以外，承包人为履行其总包管理、配合、协调和服务等所需发生的费用应该包括在投标报价中。

专业工程暂估价及结算价表

工程名称：某高校宿舍楼采暖及给排水安装工程　　　　标段：　　　　　　　　　　第　页　共　页

序号	工程名称	工程内容	暂估金额（元）	结算金额（元）	差额±（元）	备注
1	远程抄表系统	给排水工程远程抄表系统设备、线缆等的供应、安装、调试工作	5000			
合计			5000			

（4）计日工表

编制工程量清单时，计日工表中的“项目名称”、“计量单位”、“暂估数量”由招标人填写。

计日工表

工程名称：某高校宿舍楼采暖及给排水安装工程　　标段：　　第　页　共　页

编号	项目名称	单位	暂定数量	实际数量	综合单价（元）	合价（元）	
						暂定	实际
一	人工						
1	管道工	工时	100				
2	电焊工	工时	45				
3	其他工种	工时	45				
人工小计							
二	材料						
1	电焊条	kg	12				
2	氧气	kg	18				
3	乙炔条	kg	92				
材料小计							
三	施工机械						
1	直流电焊机 20kW	台班	40				
2	汽车起重机	台班	35				
3	载重汽车 8t	台班	35				
施工机械小计							
四、企业管理费和利润							
总计							

（5）总承包服务费计价表

编制招标工程量清单时，招标人应将拟定进行专业发包的专业工程，自行采购的材料设备等决定清楚，填写项目名称、服务内容，以便投标人决定报价。

总承包服务费计价表

工程名称：某高校宿舍楼采暖及给排水安装工程　　标段：　　第　页　共　页

序号	工程名称	项目价值（元）	服务内容	计算基础	费率（%）	金额（元）
1	发包人发包专业工程	5000				
2	发包人提供材料	119416.4				
合计						

7. 规费、税金项目计价表

在施工实践中，有的规费项目，如工程排污费，并非每个工程所在地都要征收，实践中可作为按实计算的费用处理。

规费、税金项目清单与计价表

工程名称：某高校宿舍楼采暖及给排水安装工程　　标段：　　第　页　共　页

序号	项目名称	计算基础	计算基数	计算费率（%）	金额（元）
1	规费	定额人工费			
1.1	社会保险费	定额人工费			
(1)	养老保险费	定额人工费			

续表

序号	项目名称	计算基础	计算基数	计算费率（%）	金额（元）
(2)	失业保险费	定额人工费			
(3)	医疗保险费	定额人工费			
(4)	工伤保险费	定额人工费			
(5)	生育保险费	定额人工费			
1.2	住房公积金	定额人工费			
1.3	工程排污费	按工程所在地环境保护部门收取标准，按实计入			
2	税金	分部分项工程费＋措施项目费＋其他项目费＋规费－按规定不计税的工程设备金额			
合计					

编制人（造价人员）：×××　　　　复核人（造价工程师）：×××

5.2 投标报价编制应用实例

现以某高校宿舍楼采暖及给排水安装工程为例，介绍招标工程量清单的编制（由委托工程造价咨询人编制）。

1. 封面

投标总价封面的应填写投标工程的具体名称，投标人应盖单位公章。

投标总价封面

<u>某高校宿舍楼采暖及给排水安装</u>工程

投标总价

招标人：<u>×××</u>
（单位盖章）

20××年××月××日

2. 扉页

投标人编制投标报价时，投标总价扉页由投标人单位注册的造价人员编制，投标人盖单位公章，法定代表人或其授权人签字或盖章，编制的造价人员（造价工程师或造价员）签字盖执业专用章。

投标总价扉页

投标总价

招　标　人：××公司

工程名称：某高校宿舍楼采暖及给排水安装

投标总价（小写）：297988.7元

（大写）：贰拾玖万柒仟玖佰捌拾捌元柒角整

投　标　人：××单位

（单位盖章）

法定代表人或其授权人：××单位法定代表人

（签字或盖章）

编　制　人：××签字盖造价工程师或造价员专用章

（造价人员签字盖专用章）

编制时间：20××年××月××日

3. 总说明

编制投标报价的总说明内容应包括：采用的计价依据；采用的施工组织设计；综合单价中风险因素、风险范围（幅度）；措施项目的依据；其他有关内容的说明等。

总说明

工程名称：某高校宿舍楼采暖及给排水安装　　第　页　共　页

1. 编制依据

(1) 建设方提供的工程施工图、《某高校宿舍楼采暖及给排水安装工程邀请书》、《投标须知》、《某高校宿舍楼采暖及给排水安装工程招标答疑》等一系列招标文件。

(2) ××市建设工程造价管理站××××年第××期发布的材料价格，并参照市场价格。

2. 采用的施工组织设计。

3. 报价需要说明的问题：

(1) 该工程因无特殊要求，故采用一般施工方法。

(2) 因考虑到市场材料价格近期波动不大，所以主要材料价格在××市建设工程造价管理站××××年第××期发布的材料价格基础上下浮3%。

(3) 综合公司经济现状及竞争力，公司所报费率如下：（略）

(4) 税金按3.413%计取。

4. 措施项目的依据。

5. 其他有关内容的说明等。

4. 投标控制价汇总表

投标报价汇总表与投标函中投标报价金额应当一致。就投标文件的各个组成部分而言，投标函是最重要的文件，其他组成部分都是投标函的支持性文件，投标函是必须经过投标人签字盖章，并且在开标会上必须当众宣读的文件。如果投标报价汇总表的投标总价与投标函填报的投标总价不一致，应当以投标函中填写的大写金额为准。实践中，对该原则一直缺少一个明确的依据，为了避免出现争议，可以在“投标人须知”中给予明确，用在招标文件中预先给予明示约定的方式来弥补法律法规依据的不足。

建设项目投标报价汇总表

工程名称：某高校宿舍楼采暖及给排水安装　　　　第　页　共　页

序号	单项工程名称	金额（元）	其中（元）		
			暂估价	安全文明施工费	规费
1	某高校宿舍楼采暖及给排水安装工程	297988.7	101496	17753.91	20239.46
合计		297988.7	101496	17753.91	20239.46

单项工程投标报价汇总表

工程名称：某高校宿舍楼采暖及给排水安装　　　　第　页　共　页

序号	单位工程名称	金额（元）	其中（元）		
			暂估价	安全文明施工费	规费
1	某高校宿舍楼采暖及给排水安装工程	297988.7	101496	17753.91	20239.46
合计		297988.7	101496	17753.91	20239.46

单位工程投标报价汇总表

工程名称：某高校宿舍楼采暖及给排水安装　　　　第　页　共　页

序号	单项工程名称	金额（元）	其中：暂估价（元）
1	分部分项	204176.2	101496
1.1	采暖及给排水工程	204176.2	101496
1.2			
1.3			
1.4			
1.5			

续表

序号	单项工程名称	金额（元）	其中：暂估价（元）
2	措施项目	24951.09	
2.1	其中：安全文明施工费	17753.91	
3	其他项目	31460.4	
3.1	其中：暂列金额	10000.0	
3.2	其中：暂估价	5000.0	
3.3	其中：计日工	14966.24	
3.4	其中：总承包服务费	1494.16	
4	规费	20239.46	
5	税金	17161.59	
投标报价合计=1+2+3+4+5		297988.7	

5. 分部分项工程和单价措施项目清单与计价表

编制投标报价时，招标人对分部分项工程和单价措施项目清单与计价表中的“项目编码”、“项目名称”、“项目特征”、“计量单位”、“工程量”均不应做改动。“综合单价”、“合价”自主决定填写，对其中的“暂估价”栏，投标人应将招标文件中提供了暂估材料单价的暂估价进入综合单价，并应计算出暂估单价的材料在“综合单价”及其“合价”中的具体数额，因此，为更详细反应暂估价情况，也可在表中增设一栏“综合单价”其中的“暂估价”。

分部分项工程和单价措施项目清单与计价表

工程名称：某高校宿舍楼采暖及给排水安装工程　　　标段：　　　　　　第　页　共　页

序号	项目编号	项目名称	项目特征描述	计量单位	工程量	金额（元）		
						综合单价	合价	其中 暂估价
1	031001002001	钢管	室内焊接钢管安装，DN15，螺纹连接	m	1100	13.33	14663	14520
2	031001002002	钢管	室内焊接钢管安装，DN20，螺纹连接	m	1600	15.6	24960	24000
3	031001002003	钢管	室内焊接钢管安装，DN25，螺纹连接	m	930	24.6	22878	23436
4	031001002004	钢管	室内焊接钢管安装，DN32，螺纹连接	m	90	22	1980	1800
5	031001002005	钢管	室内焊接钢管安装，DN40，手工电弧焊	m	100	51	5100	4950
6	031001002006	钢管	室内焊接钢管安装，DN50，手工电弧焊	m	190	52	9880	9500
7	031001002007	钢管	室内焊接钢管安装，DN70，手工电弧焊	m	160	64.5	10320	10000
8	031001002008	钢管	室内焊接钢管安装，DN80，手工电弧焊	m	90	82	7380	7290

续表

序号	项目编号	项目名称	项目特征描述	计量单位	工程量	金额（元）		
						综合单价	合价	其中 暂估价
9	031001002009	钢管	室内焊接钢管安装，*DN*100，手工电弧焊	m	60	106	6360	6000
10	031003009001	补偿器	方形补偿器制作，*DN*100	个	2	236.5	473	
11	031003009002	补偿器	方形补偿器制作，*DN*80	个	2	157.8	315.6	
12	031003009003	补偿器	方形补偿器制作，*DN*70	个	4	106.2	424.8	
13	031003009004	补偿器	方形补偿器制作，*DN*50	个	4	85.6	342.4	
14	031003001001	螺纹阀门	阀门安装，螺纹连接，J1IT-16-15	个	60	23.26	1395.6	
15	031003001002	螺纹阀门	阀门安装，螺纹连接，J1IT-16-20	个	55	26.75	1471.25	
16	031003001003	螺纹阀门	阀门安装，螺纹连接，J11T-16-25	个	55	32.45	1784.75	
17	031003003001	焊接法兰	阀门安装，螺纹连接，J11T-16-100	个	10	44.6	446	
18	031005001001	铸铁散热器	柱型 813，手工除锈，刷一次防锈漆、两次银粉漆	片	1000	25.4	25400	
19	031003005001	塑料阀门	塑料阀门安装，*DN*20	个	10	17.6	176	
20	031003001001	管道支架	单管吊支架，ϕ20，∟40×4	kg	800	18.42	14736	
21	031009001001	采暖工程系统调试	热水采暖系统	系统	1	8820	8820	
22	031001001001	镀锌钢管	*DN*80，室内，给水，螺纹连接	m	100	55.4	5540	
23	031001001002	镀锌钢管	*DN*70，室内，给水，螺纹连接	m	80	50.45	4036	
24	031001006001	塑料管	*DN*100，室内排水，零件粘接	m	60	70.20	4212	
25	031001006002	塑料管	*DN*75，室内排水，零件粘接	m	15	46.85	702.75	
26	031001007001	复合管	*DN*40，室内排水，螺纹连接	m	26	52.6	1367.6	
27	031001007002	复合管	*DN*20，室内排水，螺纹连接	m	18	30.9	556.2	
28	031001007003	复合管	*DN*15，室内排水，螺纹连接	m	5	24.4	122	
29	031003001002	管道支架	单管托架，ϕ25，∟25×4	kg	4.5	15.6	70.2	
30	031003001004	螺纹阀门	*DN*80	个	2	24.1	48.2	
31	031003001005	螺纹阀门	*DN*40	个	2	22.6	45.2	
32	031003001006	螺纹阀门	*DN*20	个	2	18.4	36.8	
33	031003013001	水表	*DN*20	组	5	60.6	303	
34	031004003001	洗脸盆	陶瓷，PT-8，冷热水	组	50	258.6	12930	
35	031004010001	淋浴器	金属	组	20	48.5	970	
36	031004006001	大便器	陶瓷	套	50	170.5	8525	
37	031004014001	给、排水附（配）件	排水阀，*DN*50	组	5	30.15	150.75	
38	031004014002	给、排水附（配）件	铜水龙头，*DN*15	个	50	14.2	710	

续表

序号	项目编号	项目名称	项目特征描述	计量单位	工程量	金额（元）		
						综合单价	合价	其中
								暂估价
39	031004014003	给、排水附（配）件	地漏，铸铁，*DN*100	个	20	49.5	990	
40	030901011001	室外消火栓	室外	套	1	693.8	693.8	
41	030901010001	室内消火栓	室内	套	3	524.76	1574.28	
42	030901012001	消防水泵接合器	地上式消火栓接合器，*DN*100	套	1	1286.05	1286.05	
合计							204176.2	101496

6. 综合单价分析表

编制投标报价时，综合单价分析表应填写使用的企业定额名称，也可填写使用的省级或行业建设主管部门发布的计价定额，如不使用则不填写。

综合单价分析表

工程名称：某高校宿舍楼采暖及给排水安装工程　　　　第　页　共　页

项目编码	031001002001			项目名称	钢管	计量单位		m	工程量	1100	
综合单价组成明细											
定额编号	定额名称	定额单位	数量	单价（元）				合价（元）			
				人工费	材料费	机械费	管理费和利润	人工费	材料费	机械费	管理费和利润
8-98	管道安装，*DN*15	10m	0.1	42.49	12.41	—	23.37	4.249	1.241	—	2.337
8-169	镀锌铁皮套管制作，*DN*25	个	0.19	0.7	1	—	0.385	0.133	0.19	—	0.073
11-1	手工除锈	10m²	0.007	7.89	3.38	—	4.34	0.055	0.024	—	0.03
11-53	刷一次防锈漆	10m²	0.007	6.27	1.13	—	3.449	0.044	0.008	—	0.024
11-56	刷银粉漆第一遍	10m²	0.007	6.5	4.81	—	3.575	0.046	0.034	—	0.025
11-57	刷银粉漆第二遍	10m²	0.007	6.27	4.37	—	3.449	0.044	0.031	—	0.024
人工单价		小计						4.571	1.528	—	2.513
40元/工日		未计价材料费						4.716			
清单项目综合单价								13.33			
材料费明细	主要材料名称、规格、型号				单位	数量		单价（元）	合价（元）	暂估价（元）	暂估合价（元）
	焊接钢管 *DN*15				m	1.02		4.34	4.427		
	防锈漆				kg	0.0098		16.73	0.164		
	银粉漆				kg	0.0083		15.06	0.125		
	其他材料费							—	—		
	材料费小计							—	4.716		

（其他项分部分项综合单价分析表略）

7. 总价措施项目清单与计价表

编制投标报价时，总价措施项目清单与计价表中除“安全文明施工费”必须按《建设工程工程量清单计价规范》GB50500—2013的强制性规定，按省级或行业建设主管部门的规定计取外，其他措施项目均可根据投标施工组织设计自主报价。

总价措施项目清单与计价表

工程名称：某高校宿舍楼采暖及给排水安装工程　　　　第　页　共　页

序号	项目编码	项目名称	计算基础	费率（%）	金额（元）	调整费率（%）	调整后金额（元）	备注
1		安全文明施工费	定额人工费	25	17753.91			
2		夜间施工增加费	定额人工费	2.5	1775.39			
3		二次搬运费	定额人工费	4.5	3195.70			
4		冬雨期施工增加费	定额人工费	0.6	426.09			
5		已完工程及设备保护			1800			
合计					24951.09			

编制人（造价人员）：×××　　　　复核人（造价工程师）：×××

8. 其他项目清单与计价汇总表

编制投标报价时，其他项目清单与计价汇总表应按招标工程量清单提供的“暂估金额”和“专业工程暂估价”填写金额，不得变动。“计日工”、“总承包服务费”自主确定报价。

其他项目清单与计价汇总表

工程名称：某高校宿舍楼采暖及给排水安装工程　　　　第　页　共　页

序号	项目名称	金额（元）	结算金额（元）	备注
1	暂列金额	10000.00		明细见（1）
2	暂估价	5000.00		
2.1	材料（工程设备）暂估价	5000.00		明细见（2）
2.2	专业工程暂估价			明细见（3）
3	计日工	14966.24		明细见（4）
4	总承包服务费	1494.16		明细见（5）
5	索赔与现场签证	—		
合计		31460.4		

（1）暂列金额明细表

暂列金额明细表

工程名称：某高校宿舍楼采暖及给排水安装工程　　标段：　　第　页　共　页

序号	项目名称	计量单位	暂列金额（元）	备注
1	政策性调整和材料价格风险	项	8000.00	
2	其他	项	2000.00	
合计			10000.00	

（2）材料（工程设备）暂估单价及调整表

材料（工程设备）暂估单价及调整表

工程名称：某高校宿舍楼采暖及给排水安装工程　　标段：　　第　页　共　页

序号	材料（工程设备）名称、规格、型号	计量单位	数量		暂估（元）		确认（元）		差额元±（元）		备注
			暂估	确认	单价	合价	单价	合价	单价	合价	
1	*DN*15 钢管	m	1100		13.2	14520					
2	*DN*20 钢管	m	1600		15.0	24000					
3	*DN*25 钢管	m	930		25.2	23436					
4	*DN*32 钢管	m	90		20	1800					
5	*DN*40 钢管	m	100		49.5	4950					
6	*DN*50 钢管	m	190		50	9500					
7	*DN*70 钢管	m	160		62.5	10000					
8	*DN*80 钢管	m	90		81	7290					
9	*DN*100 钢管	m	60		100	6000					
合计						101496					

（3）专业工程暂估价及结算价表

专业工程暂估价及结算价表

工程名称：某高校宿舍楼采暖及给排水安装工程　　标段：　　第　页　共　页

序号	工程名称	工程内容	暂估金额（元）	结算金额（元）	差额±（元）	备注
1	远程抄表系统	给排水工程远程抄表系统设备、线缆等的供应、安装、调试工作	5000			
合计			5000			

(4) 计日工表

编制投标报价的“计日工表”时，人工、材料、机械台班单价由招标人自主确定，按已给暂估数量计算合价计入投标总价中。

计日工表

工程名称：某高校宿舍楼采暖及给排水安装工程　　第　页　共　页

编号	项目名称	单位	暂定数量	实际数量	综合单价（元）	合价（元）	
						暂定	实际
一	人工						
1	管道工	工时	100		35	3500	
2	电焊工	工时	45		35	1575	
3	其他用工	工时	45		35	1575	
人工小计						6650	
二	材料						
1	电焊条	kg	12		5.5	66	
2	氧气	kg	18		2.18	39.24	
3	乙炔	kg	92		14.25	1311	
材料小计						1416.24	
三	施工机械						
1	直流电焊机，20kW	台时	40		15	600	
2	汽车起重机，8t	台时	35		100	3500	
3	载重汽车，8t	台时	35		80	2800	
施工机械小计						6900	
四、企业管理费和利润							
总计						14966.24	

(5) 总承包服务费计价表

编制投标报价的“总承包服务费计价表”时，由投标人根据工程量清单中的总承包服务内容，自主决定报价。

总承包服务费计价表

工程名称：某高校宿舍楼采暖及给排水安装工程　　标段：　　第　页　共　页

序号	工程名称	项目价值（元）	服务内容	计算基础	费率（%）	金额（元）
1	发包人发包专业工程	5000			6	300
2	发包人提供材料	119416.4			1	1194.16
合计						1494.16

9. 规费、税金项目计价表

规费、税金项目清单与计价表

工程名称：某高校宿舍楼采暖及给排水安装工程　　　　标段：　　　　　　　　第　页　共　页

序号	项目名称	计算基础	计算基数	计算费率（%）	金额（元）
1	规费	定额人工费			20239.46
1.1	社会保险费	定额人工费	(1)+……(5)		15978.52
(1)	养老保险费	定额人工费		14	9942.19
(2)	失业保险费	定额人工费		2	1420.31
(3)	医疗保险费	定额人工费		6	4260.94
(4)	工伤保险费	定额人工费		0.25	177.54
(5)	生育保险费	定额人工费		0.25	177.54
1.2	住房公积金	定额人工费		6	4260.94
1.3	工程排污费	按工程所在地环境保护部门收取标准，按实计入			
2	税金	分部分项工程费+措施项目费+其他项目费+规费−按规定不计税的工程设备金额		3.41	17161.59
合计					37401.05

编制人（造价人员）：×××　　　　　　　　复核人（造价工程师）：×××

附录1　管道与管件常用图例

1. 管道

管道图例应符合附表1-1的要求。

管道　　**附表1-1**

序号	名　称	图　例
1	生活给水管	J
2	热水给水管	RJ
3	热水回水管	RH
4	中水给水管	ZJ
5	循环冷却给水管	XJ
6	循环冷却回水管	XH
7	热媒给水管	RM
8	热媒回水管	RMH
9	蒸汽管	Z
10	凝结水管	N
11	废水管	F 可与中水原水管合用
12	压力废水管	YF
13	通气管	T
14	污水管	W
15	压力污水管	YW
16	雨水管	Y
17	压力雨水管	YY
18	虹吸雨水管	HY
19	膨胀管	PZ
20	保温管	也可用文字说明保温范围
21	伴热管	
22	多孔管	
23	地沟管	
24	防护套管	
25	管道立管	XL-1 平面　XL-1 系统　X为管道类别 L为立管 1为编号
26	空调凝结水管	KN
27	排水明沟	坡向
28	排水暗沟	坡向

注：1. 分区管道用加注角标方式表示。
　　2. 原有管线可用比同类型的新设管线细一级的线型表示，并加斜线，拆除管线则加叉线。

2. 管道附件

管道附件图例应符合附表1-2的要求。

管道附件　　**附表1-2**

序号	名称	图例
1	管道伸缩器	
2	方形伸缩器	
3	刚性防水套管	
4	柔性防水套管	
5	波纹管	
6	可曲挠橡胶接头	单球　双球
7	管道固定支架	
8	立管检查口	
9	清扫口	平面　系统

续表

序号	名称	图例	序号	名称	图例
10	通气帽	成品　蘑菇形	17	减压孔板	
11	雨水斗	YD-　YD- 平面　系统	18	Y形除污器	
12	排水漏斗	平面　系统	19	毛发聚集器	平面　系统
13	圆形地漏	平面　系统 通用。如无水封，地漏应加存水弯	20	倒流防止器	
14	方形地漏	平面　系统	21	吸气阀	
15	自动冲洗水箱		22	真空破坏器	
16	挡墩		23	防虫网罩	
			24	金属软管	

3. 管道连接

管道连接的图例应符合附表 1-3 的要求。

管道连接　　**附表 1-3**

序号	名称	图例	序号	名称	图例
1	法兰连接		8	管道丁字上接	高 低
2	承插连接				
3	活接头		9	管道丁字下接	高 低
4	管堵				
5	法兰堵盖		10	管道交叉	低 高 在下面和后面的管道应断开
6	盲板				
7	弯折管	高　低　低　高			

4. 管件

管件的图例应符合附表 1-4 的要求。

管件 附表 1-4

序号	名称	图例	序号	名称	图例
1	偏心异径管	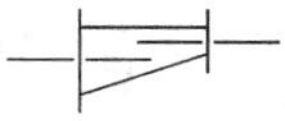	8	90°弯头	
2	同心异径管	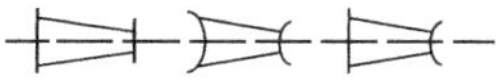	9	正三通	
3	乙字管		10	TY 三通	
4	喇叭口	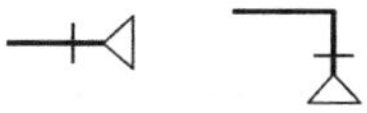	11	斜三通	
5	转动接头		12	正四通	
6	S形存水弯		13	斜四通	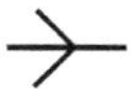
7	P形存水弯		14	浴盆排水管	

附录 2　阀门与给水配件常用图例

1. 阀门

阀门的图例应符合附表 2-1 的要求。

阀门　　　　附表 2-1

序号	名称	图例	序号	名称	图例
1	闸阀		12	气动蝶阀	
2	角阀				
3	三通阀		13	减压阀	左侧为高压端
4	四通阀		14	旋塞阀	平面　系统
5	截止阀		15	底阀	平面　系统
6	蝶阀		16	球阀	
7	电动闸阀		17	隔膜阀	
			18	气开隔膜阀	
8	液动闸阀		19	气闭隔膜阀	
9	气动闸阀		20	电动隔膜阀	
10	电动蝶阀		21	温度调节阀	
			22	压力调节阀	
11	液动蝶阀		23	电磁阀	M

续表

序号	名称	图例	序号	名称	图例
24	止回阀		31	浮球阀	平面 系统
25	消声止回阀				
26	持压阀	©	32	水力液位控制阀	平面 系统
27	泄压阀				
28	弹簧安全阀		33	延时自闭冲洗阀	
29	平衡锤安全阀	左侧为通用	34	感应式冲洗阀	
30	自动排气阀	平面 系统	35	吸水喇叭口	平面 系统
			36	疏水器	

2. 给水配件

给水配件的图例应符合附表 2-2 的要求。

给水配件 **附表 2-2**

序号	名称	图例	序号	名称	图例
1	水嘴	平面 系统	6	脚踏开关水嘴	
2	皮带水嘴	平面 系统	7	混合水嘴	
3	洒水（栓）水嘴		8	旋转水嘴	
4	化验水嘴		9	浴盆带喷头混合水嘴	
5	肘式水嘴		10	蹲便器脚踏开关	

参考文献

［1］ 中华人民共和国住房和城乡建设部.《通用安装工程工程量计算规范》GB 50856—2013［S］. 北京：中国计划出版社，2013.

［2］ 吉林省建设厅.《全国统一安装工程预算定额　第八册　给排水、采暖、燃气工程》GYD—208—2000［S］. 北京：中国计划出版社，2001.

［3］ 赵莹华. 水暖及通风空调工程招投标与预决算［M］. 北京：化学工业出版社，2010.

［4］ 杨伟. 暖通造价员［M］. 武汉：华中科技大学出版社，2009.

［5］ 杨伟. 水暖工程造价实训［M］. 南京：江苏科学技术出版社，2012.

［6］ 苑辉. 安装工程工程量清单计价实施指南［M］. 北京：中国电力出版社，2009.

［7］ 张俊新. 水暖工程工程量清单计价与投标详解［M］. 北京：中国建筑工业出版社，2013.